科技文化九讲

中华文化公开课

丁俊奎◎编著

中国商业出版社

图书在版编目（CIP）数据

科技文化九讲 / 丁俊奎编著 . — 北京：中国商业
出版社，2018.5
（中华文化公开课）
ISBN 978-7-5208-0330-4

Ⅰ . ①科… Ⅱ . ①丁… Ⅲ . ①科学技术 – 技术发展 –
成就 – 中国 Ⅳ . ① N12

中国版本图书馆 CIP 数据核字 (2018) 第 086991 号

责任编辑：唐伟荣

中国商业出版社出版发行

010–63180647   www.c–cbook.com

（100053   北京广安门内报国寺 1 号）

新华书店经销

北京晨旭印刷厂印刷

＊

710×1000 毫米   1/16   16 印张   240 千字

2018 年 5 月第 1 版   2018 年 5 月第 1 次印刷

定价：46.80 元

＊ ＊ ＊ ＊

（如有印装质量问题可更换）

前言
PREFACE

　　科技是一个国家发展的脊梁，是一个社会立足的根本，也是一个时代前进的保证。中国历代的科学技术，在很长的一段时期里都居于世界领先地位，中国历史上的科技成就，为世界文明的发展作出了巨大贡献。

　　在漫漫5000年的历史长河中，勤劳智慧的中国人民创造了灿烂的科技文明，留下了许多举世瞩目的科技成果。在天文学上，祖先们发明了浑天仪、地动仪，创制了多部历法，并制成了世界上最早的自动化天文台、水运仪象台；在地理学上，玄奘写出了著名的《大唐西域记》，徐霞客完成了地理学巨著《徐霞客游记》；在手工业方面，祖先们发明了弓箭、丝绸、青铜器、刺绣等，这些发明无一不对人类发展起到了重要的推动作用。

　　同时，中国亦在物理学、化学、医药学，以及建筑、纺织、陶瓷、造船、水利建设等方面颇有建树。家喻户晓的火药、指南针、造纸术、印刷术等四大发明更是促进了整个人类文明的长足进步，在世界科技文化发展史上占有辉煌灿烂的一页。

　　科技创造历史，科技改变历史，科学技术是第一生产力。英国哲学家、近代实验科学的始祖培根曾指出：印刷术、火药和指南针"已经改变了世界的面貌"，"没有一个帝国，没有一个教派，没有一个赫赫有名的人物，能比这三种发明在人类的事业中产生更大的力量和影响。"

　　了解中国科技发展史，是为了更好地继承与创造。我们的祖先在古代所取得的伟大成就已经证明，中华民族是一个具有创造力的民族，我们完全可以继承祖先们勇于创新、积极开拓的精神，开创中华民族伟大的复兴之路。要真正实现这个理想，就需要我们更好地了解中国古代的科技创造，从中汲取更多的营养，再登科技创造的顶峰。

本书通过全新的体例和合理的安排，把中国五千年的科技发展分门别类地展现在读者面前。全书分为天文历法、地理探索、水利工程、建筑设计、农学农具、数学成就、物理化学、医学药物、手工制造多个板块，把一部中华科技文明史浓缩在薄薄的一册书内。本书既"美味可口"又"营养丰富"，图文并茂，知识性与趣味性相融合，为读者展现了一幅中国科技文明的灿烂画卷。

目录
CONTENTS

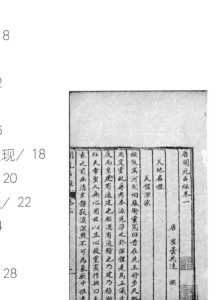

第一讲　天文历法技术

⊙ 最早的历书——《夏小正》/ 2

⊙ 世界上最早的天文学著作——《甘石星经》/ 4

⊙ 最早的天文学专著——《周髀算经》/ 6

⊙ 现存最早最完整的历法——《太初历》/ 8

⊙ 汉代天文学家数学家——张衡 / 10

⊙ 最早测量地震的仪器——候风地动仪 / 12

⊙ 划时代的历法——《乾象历》/ 14

⊙ 历法史上著名的新历——《大明历》/ 16

⊙ 天文学发展的新阶段——张子信的三大发现 / 18

⊙ 具有里程碑意义的历法——《皇极历》/ 20

⊙ 古代历法体系的成熟——一行的科技成就 / 22

⊙ 唐代天文星象名著——《开元占经》/ 24

⊙ 自动化的天文台——水运仪象台 / 26

⊙ 历法史上的伟大革命——《十二气历》/ 28

⊙ 元代著名科学家——王恂 / 30

⊙ 郭守敬的成就——仰仪和《授时历》/ 32

⊙ 明清之际的民间天文学家——王锡阐 / 34

第二讲　地质勘测技术

⊙ 最早的地理学巨著——《山海经》/ 38
⊙ 航海史上的重大突破——指南针/ 40
⊙ 最早的历史地图集——《禹贡地域图》/ 42
⊙ 佛教地志类著作——《佛国记》/ 44
⊙ 宇宙未有之奇书——《水经注》/ 46
⊙ 地理探险家玄奘的名著——《大唐西域记》/ 48
⊙ 中国科学史的里程碑——《梦溪笔谈》/ 50
⊙ 航海史上的壮举——郑和下西洋/ 52
⊙ 地理学巨著——《徐霞客游记》/ 54
⊙ 著名地理学家杨守敬及其成就/ 56
⊙ 著名科学家和地质学家——李四光/ 58

第三讲　水利工程技术

⊙ 因势利导的防洪方略——大禹治水/ 62
⊙ 最早的大型水库——芍陂/ 64
⊙ 水利史上的重要事件——引漳灌邺/ 66
⊙ 中国古代水利史上的新纪元——都江堰/ 68
⊙ 古代著名大型水利工程——郑国渠/ 70
⊙ 现存最完整的古代水利工程——灵渠/ 72
⊙ 中国第一条地下水渠——龙首渠/ 74
⊙ 独特的沙漠灌溉方式——坎儿井之谜/ 76
⊙ 世界上最古老的石拱桥——赵州桥/ 78

科技文化九讲

中华文化公开课

◎ 最古老的运河——京杭大运河／80
◎ 水电建设史上的里程碑——葛洲坝／82
◎ 世界上最大的水利枢纽——三峡工程／84

第四讲　建筑设计技术

◎ 古代祠庙建筑的典范——曲阜孔庙／88
◎ 中国的象征——长城／90
◎ 天下绝景——黄鹤楼／92
◎ 海拔最高的宫殿式建筑群——布达拉宫／94
◎ 古城西安的象征——大雁塔／96
◎ 中国最早的建筑学专著——《营造法式》／98
◎ 古老的木构塔式建筑——山西应县木塔／100
◎ 世界五大宫之首——故宫／102
◎ 中国园林之母——拙政园／104
◎ "四大名园"之一——苏州留园／106
◎ 现存最大的皇家园林——承德避暑山庄／108
◎ 皇家园林博物馆——颐和园／110

第五讲　农学耕种技术

◎ 古代机械大师——马钧／114
◎ 农田耕作的进步——代田法／116
◎ 世界上最早的农学专著——《氾胜之书》／118
◎ 农事活动专著——《四民月令》／120

◎ 古代农业百科全书——《齐民要术》/ 122
◎ 最早的茶叶百科全书——《茶经》/ 124
◎ 农具发展的重大突破——曲辕犁 / 126
◎ 元代三大农书之冠——《王祯农书》/ 128
◎ 纺织技术的传播——黄道婆的发明 / 130
◎ 综合性农学著作——《农政全书》/ 132
◎ 17世纪的工艺百科全书——《天工开物》/ 134
◎ 杂交水稻之父——袁隆平 / 136

第六讲　数学计算技术

◎ 数学史上的伟大创造——算筹 / 140
◎ 古代数学发展的基础——《九章算术》/ 142
◎ 世界上第一个最精密的圆周率 / 144
◎ 数学家秦九韶的科学成就 / 146
◎ 南宋杰出的数学家——杨辉 / 148
◎ 朱世杰和他的《四元玉鉴》/ 150
◎ 近代数学教育的鼻祖——李善兰 / 152
◎ 世界著名的数学家——华罗庚 / 154
◎ 当代杰出的数学科学家——陈景润 / 156

第七讲　物理化学技术

科技文化公开课

中华文化九讲

◎ 物理学成就的汇集——《墨经》/ 160
◎ 光影迷离的魔镜——透光镜 / 162
◎ 机械工程史上的壮举——水排的发明 / 164
◎ 书写史上的革命——造纸术 / 166

◎ 火药发明之谜／168

◎ 印刷术的革命——活字印刷术／170

◎ 船舶发展史上的伟大发明——水密隔舱／172

◎ 中国铁路之父——詹天佑／174

◎ 化学家侯德榜的成就／176

◎ 著名物理科学家——钱学森／178

◎ 中国原子能科学之父——钱三强／180

◎ "两弹"元勋——邓稼先／182

◎ 当代毕昇——王选／184

第八讲　医学药物技术

◎ 古老的医疗手段——针灸／188

◎ 中国自然疗法——推拿按摩／190

◎ 神医扁鹊的医学贡献／192

◎ 现存最早的中医理论专著——《黄帝内经》／194

◎ 现存最早的药物学专著——《神农本草经》／196

◎ 外科鼻祖华佗的医学成就／198

◎ 医药理论之大成——《伤寒杂病论》／200

◎ 第一部针灸学的著作——《针灸甲乙经》／202

◎ 最早的脉学著作——《脉经》／204

◎ 古代的急症手册——《肘后备急方》／206

◎ "药王"孙思邈／208

◎ 第一部由国家颁布的药典——《唐本草》／210

◎ 第一部法医学著作——《洗冤集录》／212

◎ 医学成就最高的王爷朱橚／214

◎ 东方药物巨典——《本草纲目》／216

◎ 中医外科的经典著作——《外科正宗》／218

⊙吴有性创立的温疫学说/ 220

⊙争议最大的医书——《医林改错》/ 222

第九讲　手工制造技术

⊙工匠的革命——土木工具的改造与发明/ 226

⊙最早的飞行器——风筝/ 228

⊙世界上最早的手工业著作——《考工记》/ 230

⊙千年寿纸——宣纸/ 232

⊙四大名绣之首——苏绣/ 234

⊙人类发展史上的新纪元——陶器的发明/ 236

⊙民族文化的瑰宝——漆器的发明/ 238

⊙古老文明的载体——青铜器的发明/ 240

⊙"文明时代"的重要标志——瓷器的发明/ 242

⊙"钟王"——永乐大钟/ 244

中华文化公开课

科技文化九讲

第一讲
天文历法技术

最早的历书——《夏小正》

《夏小正》是我国最早的记载物候的著作，也是中国现存最早的一部农事历书，对古代天象与先秦历法研究有相当重要的参考价值。

《夏小正》是我国现存最早的文献之一，也是现存采用夏时最早的历书。这部书文辞古朴简练，用字不多，但内容却相当丰富，它按一年12个月分别记载了物候、气象、天象和重要的政事，特别是有关说明我国古代以农立国方面的政事。

书中反映当时的农业生产的内容包括谷物、纤维植物、染料、园艺作物的种植，蚕桑、畜牧和采集、渔猎。其中蚕桑和养马颇

受重视；马的阉割，染料中的蓝，园艺作物桃、杏等的栽培，均为首次见于记载。

《夏小正》最突出的部分是物候。由于农业生产上的需要，书中注意收集物候资料，并且按月记载下来，作为适时安排农业生产的依据。它主要是各月的物候和农事活动的记载，大多数是二字、三字或四字为一完整句子。其指时标志以动植物变化为主，用以指时的标准星象都是一些比较容易看到的亮星，如辰参、织女等。书中缺少十一月、十二月和二月的星象记载，还没有出现四季和节气的概念。《夏小正》记载的生产事项无一字提到"百工之事"，这是社会分工还不发达的反映。所有这些表明《夏小正》历法的原始和时代的古老。

《夏小正》的成稿年代争论很大，但一般认为最迟成书在春秋时期。隋代以前，它只是西汉戴德汇编的《大戴礼记》中的一篇。后来出现了单行本，在《隋书·经籍志》中第一次被单独著录。从北宋至清代，研究者有十余家。

相传夏禹曾"颁夏时于邦国"。《礼

◆《夏小正传笺》书影

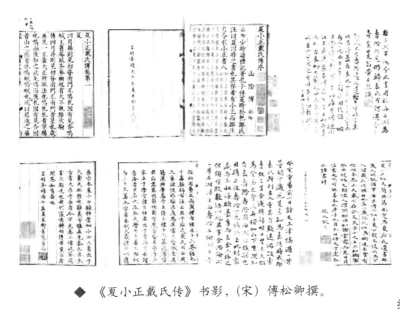

◆ 《夏小正戴氏传》书影，（宋）傅崧卿撰。

记·礼运》载："孔子曰：我欲观夏道，是故之杞，而不足征也；吾得夏时焉。"郑玄笺："得夏四时之书也，其书存者有《小正》。"《史记·夏本纪》也说："太史公曰：孔子正夏时，学者多传《夏小正》云。"这些记载表明，《夏小正》在春秋时代以前已经出现，春秋时代的杞国还在使用它。

学者夏纬瑛、范楚玉认为，《夏小正》的经文成书年代可能是商代或商周之

际，最迟也是春秋以前居住在淮海地区沿用夏时的杞人整理记录而成的。《夏小正》的内容保留了许多夏代的东西，为我们研究中国上古的农业和农业科学技术提供了宝贵的资料。《夏小正》的《传》则是战国时期的人作的。

关于《夏小正》所反映的地域，夏纬瑛认为，经文中有明显的反映淮海地区物候的记载，表明它是淮海地区的产物。对此观点其他学者也有不同意见。

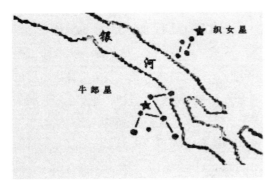

◆ 中国传统星象图

延伸阅读

织女星的由来

七月处在夏秋之交，因此在时令上特别重要，《夏小正》的作者对于七月的天象也描述得特别详细。除了银河的走向和北斗的指向之外，又刻意提到织女星象。但是，在满天繁星中，织女星同其他星星一样，除了亮一些外并无特异之处。古人为什么单单对这颗星星情有独钟，替它命名，赋予它生动的故事呢？

一入七月，暑气渐消，凉风乍起，天气开始变凉。这个时候，女人就要开始忙碌了，纺线织布，准备寒衣，迎接即将到来的肃秋和严冬。此时织女星恰恰升到了一年当中的最高点，这颗皎洁的明星正处在人们的头顶上。地上，织妇们在灿烂的星光下，一边摇动纺车织布，一边反复吟唱。天上，织女星光芒璀璨。人间天上，相映成辉。那颗照耀着人间纺织娘劳作的明星，因此被赋予了织女的名称，成了人间织女的守护神。

世界上最早的天文学著作——《甘石星经》

春秋战国时期，随着生产力的不断发展，人们在天文学研究方面也取得了巨大的成就。《甘石星经》就是这一时期的代表作品，它是世界上最早的天文学著作，在我国和世界天文学史上都占有重要地位。

中国是天文学发展最早的国家之一。由于农业生产和制定历法的需要，中国的祖先很早就开始观测天象，并用以定方位、定时间、定季节。春秋战国时期，楚国人甘德和魏国人石申各自在其本国进行天文观测，在长期观测天象的基础上，甘德和石申各写出了一部天文学著作。甘德的著作名为《天文星占》，石申的著作名为《天文》，都是八卷。

◆ 甘德观星

汉朝时这两部著作还是各自刊行的，后人把这两部著作合并，并定名为《甘石星经》。

石申对天空中的恒星作了长期细致的观测，他和甘德都建立了各不相同的全天恒星区划命名系统。其方法是依法给出某星官的名称与星数，再指出该星官与另一星官的相对集团，从而对全天恒星的分布位置等予以定性的描述。三国时陈卓总结甘德、石申和巫咸三家的星位图表，得到中国古代经典的283星官、1464星的星官系统，其中属甘氏星官者146座（包括28星宿在内）。由此可见甘德在全天恒星区划命名方面的工作对后世产生的巨大影响。甘德还曾对若干恒星的位置进行过定量的测量，可惜其成果后来大多散佚了。

石申对行星运动的研究，也取得了划时代的成就。尤其对金、木、水、火、土五星的运行，有独到的发现。石申推算出木星的回合周期为400天整，比准确数值398.88天差1.12天；他还认识到木星运动有快有慢，经常偏离黄道南北，代表了战国时代木星研究的先进水平。另外，石申还推算出水星的回合周期为136日，比实际数值115日误差了

21日，这个误差虽大，但石氏已初步认识了水星运动的状态和见伏行程的四个阶段，说明石申已基本掌握了水星的运行规律。石申还首先发现了火星的逆行现象，推算出火星行度周期为410度780日，接近于实际日期。

后人把甘德和石申测定恒星的记录称为《甘石星经》。《甘石星经》是世界上最早的恒星表，比希腊天文学家伊巴谷在公元前2世纪测编的欧洲第一个恒星表还早约200年。《甘石星经》在宋代就失传了，但在唐代的《开元占经》中还保存着一些片断，南宋晁公武的《郡斋读书志》的书目中保存了它的梗概。

《甘石星经》是我国、也是世界上最早的一部天文学著作，后世许多天文学家在测量日、月、行星的位置和运动时，都要用到《甘石星经》中的数据。因此，《甘石星经》在我国和世界天文学史上都占有重要地位。石氏星表是古代天体测量

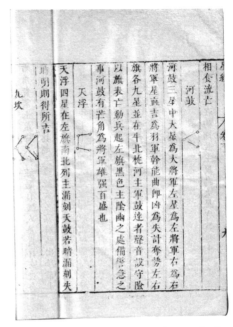

◆ 《石氏星经》书影。战国时代石申著的《天文》在西汉以后被尊为《石氏星经》。

工作的基础，因为测量日月星辰的位置和运动，都要用到其中二十八宿距度（本宿距星和下宿距星之间的赤经差叫距度）的数据，这是中国天文历法中一项重要的基本数据。

◆ 北斗与二十八宿苍龙星座

知识小百科

石申环形山

《甘石星经》对天文研究有很高的科学价值，书中的研究成果为历代天文星相家所重视，在正史的天文志类中，引用了《甘石星经》大量的研究成果。为了纪念石申对天文学研究作出的杰出贡献，现代人以他的名字命名一座环形山。环形山是月球表面上最显著的地貌特征，以石申的名字命名的环形山，位于月球背面西北隅，离北极不远，月面坐标为东105°，北76°，面积350平方千米。

最早的天文学专著——《周髀算经》

　　《周髀算经》是中国流传至今最古老的一部天文学著作，是解释天地高远深厚的记录，给出了测量天体的方法。《周髀算经》提出了著名勾股定理的公式与证明，对后世数学科学的发展起到了重要作用。

　　《周髀算经》是我国古代十大算经之首，原名《周髀》，是中国现存最早的一部天文学典籍。《周髀算经》成书时间大约在两汉之间（公元前后），也有史家认为它出现更早，是孕于周而成于西汉。

　　人们常常把《周髀算经》当成一部数学专著，其实，《周髀算经》是一部天文著作，其中大部分的记载与天文学的计算有关。书中为讨论天文历法，而叙述一些有关的数学知识，重要的题材有勾股定理、比例测量与计算天体方位所不能避免的分数四则运算，主要阐明当时的盖天说和四分历法。

　　盖天说是中国古代最早的一种宇宙结构学说。这一学说认为，天是圆形的，像一把张开的大伞覆盖在地上，地是方形的，像一个棋盘，日月星辰则像爬虫一样过往天空，因此这一学说又被称为"天圆地方说"。盖天说认为，日月星辰的出没，并非真的出没，而只是离远了就看不见，离得近了就看见它们照耀。到了《周髀算经》的写作年代，已经形成一个完整的、定量化的体系。它反映了人们认识宇宙结构的一个阶段，在描述天体的视运动方面有一定的历史意义。

　　在晴朗的夜晚仰望星空，你可能会想知道天到底有多高呢？其实，几千年前，我们的祖先就已经思考这个问题了。在《周髀算经》中有这样一个故事：一天，周公问当时的数学家商高："天有多高？"商高想了想说："用'勾三股四弦五'的方法可以计算出来天有多高。"那么，什么是"勾三股四弦五"呢？你可以在纸上画一个长方形，长

◆ 《周髀算经》书影

3厘米，宽4厘米，然后将对角用直线连接起来，这样就会出现两个直角三角形，量一量这条对角线线，一定是5厘米。这就是我们今天所知道的勾股定理，又名"商高定理"或"毕达哥拉斯定理"。

在《周髀算经》中，还记载了古人怎样用简单的方法计算出太阳到地球的距离。据记载，太阳距离的求法是：先在全国各地立一批八尺长的竿子，夏至那天中午，记下各地竿影的长度，得知首都长安的是一尺六寸；距长安正南方一千里的地方，竿影是一尺五寸；距长安正北一千里则是一尺七寸。因此知道南北每隔一千里竿影长度就相差一寸。又在冬至那天测量，长安地方影长一丈三尺五寸。《周髀算经》取夏至与冬至间，竿影刚好是六尺的时候来计算，得出的答案是十万里。这十万里，就是《周髀算经》所记载的太阳与地面距离。我们知

◆ 《算经十书》书影

道，地球和太阳的距离约为14950万千米，《周髀算经》的记载并不准确。但是我们必须强调，这段求太阳距离的运算过程却是正确的。

在《周髀算经》中还有开平方和等差级数的问题，使用了相当繁复的分数算法和开平方法，以及应用于古代"四分历"计算的分数运算和数字计算。

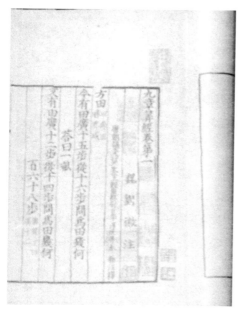

◆ 《九章算经》书影

现存最早最完整的历法——《太初历》

《太初历》的制定，是中国古代历法史上的一项伟大壮举，也是中国古代宇宙理论发展史上的巨大突破。《太初历》是中国第一部有完整文字记载的历法，也是当时世界上最先进的历法。

西汉初年，采用的历法是秦朝的《颛顼历》。但《颛顼历》有一定的误差，随着农业生产的发展，人们渐渐觉得这种历法与习惯通用的春夏秋冬不合。公元前104年（元封六年），汉武帝采纳司马迁等人的提议，下令改定历法。

公元前104年（元封七年）农历十一月初一恰好是甲子日，又恰交冬至节气，是一个千载难逢的好机会。五月，汉武帝命公孙卿、壶遂、司马迁等人议造汉历，并征募民间天文学家20余人参加，其中包括治历邓平、长乐司马可、酒泉郡侯宜君、方士唐都和巴郡落下闳等人。

他们或做仪器进行实测，或进行推考计算，共提出了18种方案。对这18种改历方案，专家们进行了一番辩论、比较和实测检验，最后选定了邓平、落下闳提出的八十一分律历。把元封七年改为太初元年，并规定以十二月底为太初元年终，以后每年都从孟春正月开始，到季冬十二月年终。

这种历法叫《太初历》，是我国最早根据一定规制而颁行的历法。《太初历》规定一年等于365.2502日，一月等于29.53086日；将原来以十月为岁首改为以正月为岁首；开始采用有利于农时的二十四节气；以没有中气的月份为闰月，调整了太阳周天与阴历纪月不相合的矛盾。这是我国历法上一个划时代的进步。

◆ 落下闳青铜像。落下闳青铜像和他所创制的浑仪青铜塑像位于四川阆中观星楼前，观星楼是纪念以落下闳为代表的古阆中籍天文学家而建的。

《太初历》不仅是我国第一部比较完整的历法，也是当时世界上最先进的历法。它问世以后，一共行用了189年。

落下闳系统

《太初历》在天文观测数据的基础上进行推算，形成了一个完整的系统。这个系统是以地球为中心的宇宙周期系统，是定性与定量相统一的系统，称为"落下闳系统"。共有10个基本的周期：回归年周期；置闰周期；日食周期；干支年周期；干支日周期；木星会合周期；火星会合周期；土星会合周期；金星会合周期；水星会合周期。

时间周期的创新

《太初历》确定了"以孟春正月为岁首"的历法制度，使国家历史、政治上的年度与人民生产、生活的年度，协调统一起来，改变秦和汉初"以冬十月到次年九月作为一个政治年度"的历法制度；《太初历》科学地规定了"以没有中气的月份为闰月"，使二十四节气这一周期的变化与春夏秋冬四个季节的变化协调配合起来。这一规定，从汉太初年一直用到明末，应用了近两千年。二十四节气这一有关农业气象的周期系统与日月星辰运行的天文周期系统统一起来，从历法中可较准确地预先告之季节，以便安排农业生产。

空间周期的制定

"落下闳系统"包括了日月及五大行星运行的"空间恒星背景"，即"二十八宿"。中国在公元前8世纪至公元前5世纪

的《书经·尧典》中就写道："日中星鸟，以殷仲春。日永星火，以正仲夏。宵中星虚，以殷仲秋。日短星昴，以正仲冬。"这就是以日与二十八宿的恒星来判定春夏秋冬四季。

《太初历》是我国第一部有完整文字和数字记载的历法，展现了中国古代关

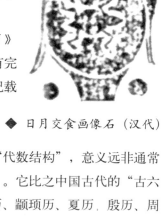

◆ 日月交食画像石（汉代）

于宇宙图象的"代数结构"，意义远非通常理解的"历法"。它比之中国古代的"古六历"——黄帝历、颛顼历、夏历、殷历、周历、鲁历，有划时代的巨大进步。

知识小百科

刘歆与《三统历》

西汉学者刘歆在《太初历》基础上，引入董仲舒天道循环的"三统说"思想，整理成《三统历》。它共有七节：统母、纪母、五步、统术、纪术、岁术、世经。统母和统术讲日月运动的基本常数和推算方法，包括回归年、朔望月长度、一年的月数、交食周期、计算朔日和节气的方法等；纪母、纪术和五步讲行星的基本常数和推算方法，包括五大行星的会合周期、运行动态、出没规律、预告行星位置等；岁术讲星岁纪年的推算方法；世经讲考古年代学。《三统历》包含了现代天文年历的基本内容，因而被认为是世界上最早的天文年历的雏形。

汉代天文学家数学家——张衡

汉代是中国历史上科技与文化非常辉煌的一个时期，张衡就诞生在这个时代。他集文学家、天文学家、数学家、地震学家、制图学家、官员等多种头衔于一身，对中国古代天文学、机械技术、地震学的发展，贡献尤多。

张衡（78—139），字平子，南阳西鄂（今河南南阳市石桥镇）人，汉代著名的天文学家、数学家。他出生在一个破落的官僚家庭，自小刻苦向学，很有文采。

94年，16岁的张衡就离开家乡到外地游学，进过当时的最高学府——太学。当时南阳郡太守鲍德非常钦佩张衡的才华，邀请他出任南阳郡主簿，帮助自己办理郡政。张衡辅佐鲍德治理南阳，政绩斐然。8年后鲍德调任京师，张衡即辞官居家。在南阳期间他致力于探讨天文、阴阳、历算等学问，并反复研究西汉扬雄著的《太玄经》。111年，张衡被征召进京，拜为郎中。

118年，张衡被任命为尚书郎。第二年，升为太史令。张衡在太史令这个职位上做了14年，他的许多重大的科学研究工作都是在这一阶段完成的。133年，张衡升为侍中。但不久就受到宦官的排挤和中伤，三年之后，张衡被调到京外，任河间王刘政的丞相。但刘政是个骄横奢侈、不守中央法典的人。张衡到任后严整法纪，打击豪强，使得上下肃然。三年后，他向顺帝上书请求退休，但朝廷却征拜他为尚书。就在这一年（139）他与世长辞。

张衡的一生在天文学、地震学、机械技术、数学乃至文学艺术等许多领域都作出了杰出的贡献，是一位不可多得的具有多方面才能的科学家。

◆ 张衡塑像

发明浑天仪

浑天仪是张衡发明的一种演示天球星象

运动的仪器。它的外部轮廓像一个圆球，这与张衡所主张的浑天说相吻合，因此命名为浑天仪。张衡的浑天仪，主体与今天的天球仪相仿，浑天仪的黄赤道上都画上了二十四节气，浑天仪上还有日、月、五星。贯穿浑天仪的南、北极，有一根可转动的极轴。浑天仪转动时，球上星体有的露出地平环之上，就是星出；有的正过子午线，就是星中；而没入地平环之下的星就是星没。

多级刻漏的发明

　　刻漏是我国古代最重要的计时仪器。目前传世的三件西汉时代的刻漏，都是所谓"泄水型沉箭式单漏"。这种刻漏只有一只圆柱形盛水容器，器底部伸出一根小管，向外滴水，容器内水面不断降低，浮在水面的箭舟所托着的刻箭也逐渐下降，刻箭穿过容器盖上的孔，向外伸出，从孔沿即可读得时刻读数。但随着水的滴失，容器内水面不断降低，水的滴出速度也会越来越慢。为了提

◆ 浑天仪模型

高刻漏运行的均匀性和准确性，张衡发明了多级刻漏。他先把泄水型沉箭式改为蓄水型浮箭式，即把刻漏滴出的水收到另一个圆柱形容器内，把箭舟和刻箭都放在这个蓄水容器内，积水逐渐增多，箭舟托着刻箭渐逐上升，由此来求得时刻读数。然后在滴水器之上再加一具滴水器，上面的滴水器滴出的水补充下面滴失的水，从而使下面的滴水器出水速度的稳定性得到提高。这样一来，刻漏计时的准确性就大大提高了。

月食的解说

　　在张衡之前，人们对月食产生的原因就有所认识，但并没有明晰的解释。张衡在《灵宪》中对月食产生的原因进行了专门的论述，他说：月亮本身是不发光的，太阳光照到月亮上才产生了月光。月亮之所以出现有亏缺的部分，就是因为这一部分照不到日光。所以，当月和日正相对时，就出现满月。当月向日靠近时，月亮亏缺就越来越大，终至完全不见。张衡对月食原因的阐述是很科学的。

知识小百科

张衡星与张衡环形山

　　1977年，联合国天文组织将太阳系中的1802号小行星命名为"张衡星"，以此来纪念中国古代伟大科学家张衡的功绩。另外一颗"南阳星"，是为纪念张衡及其诞生地河南南阳的。人们还将月球背面的一个环形山命名为"张衡环形山"，环形山多以著名科学家的名字命名。目前月球背面的环形山中，共有四座以我国古代天文学家的名字命名，分别是：石申环形山、张衡环形山、祖冲之环形山和郭守敬环形山。

最早测量地震的仪器——候风地动仪

东汉时期，我国各地地震灾害频发，引起地裂山崩、江河泛滥、房屋倒塌，造成了巨大的损失。为了掌握全国地震动态，经过长期的研究，张衡发明了世界上第一架地动仪——候风地动仪。

东汉时期，经常发生地震。有时候一年一次，也有时一年两次。发生了一次大地震，就影响到好几十个郡，城墙、房屋倒坍，还死伤了许多人畜。当时的封建帝王和一般人都把地震看作是不吉利的征兆，有的还趁机宣传迷信、欺骗人民。但是，张衡却不信神，不信邪，他对记录下来的地震现象经过细心地考察和反复试验，发明了一个测报地震的仪器，叫作"地动仪"。

地动仪用精铜制成，圆经八尺，合盖隆起，形似酒樽。表面作金黄色，上部铸有八条金龙，分别伏在东、西、南、北及东北、东南、西北、西南八个方向。龙倒伏，龙首向下，龙嘴各衔一颗小铜球，与地上仰蹲张嘴的蟾蜍相对。地动仪空腔中央立一根铜柱，上粗下细。铜柱周围有八根横杆，称为"八道"，各与一龙头相连。铜柱是震摆装置，八道用来控制和传导铜柱运动的方向。在地动仪受到地震波冲击时，铜柱就倒向发生地震的方向，推动同一方向的横杆和龙头，使龙嘴张开，铜

球下落到蟾蜍嘴中，并发出响声，以提示人们注意发生了地震及地震的时间和方向。

一颗珠子放在平台上，如果将哪方稍微往下一按，珠子就向哪方滚动。又如我们点亮一支蜡烛，将它放在一张不平的桌子上，它总会向低的一方倒。地动仪就是根据这些简单的原理设计的。地动可以传到很远的地

◆ 候风地动仪模型

科技文化公开课 中华文化公开课 九讲

方，只不过太远了人就感觉不到了，但地动仪能准确地测到。

138年2月的一天，张衡的地动仪正对西方的龙嘴突然张开来，吐出了铜球。按照张衡的设计，这就是报告西部发生了地震。可是，那一天洛阳一点也没有地震的迹象，也没有听说附近有哪儿发生了地震。因此，大伙儿议论纷纷，都说张衡的地动仪是骗人的玩意儿，甚至有人说他有意造谣生事。过了几天，有人骑着快马来向朝廷报告，离洛阳一千多里的金城、陇西一带发生了大地震，连山都有崩塌下来的。陇西距洛阳有一千多里，地动仪标示无误，说明它的测震灵敏度

◆　南阳张衡墓园

是比较高的。同时张衡对地震波的传播和方向性也有一定了解，这些成就在当时来说是十分了不起的，而欧洲直到1880年，才制成与地动仪类似的仪器，比起张衡的发明足足晚了1700多年。

◆　帕米里地动仪。1856年意大利人帕米里制造，比张衡地动仪晚1700多年。

延伸阅读

地动仪的复原

　　1700多年前，地动仪神秘消失，它的模样和工作原理成为千古谜团。

　　2004年8月，河南博物院与中国地震台网中心组成课题组，联合研究张衡地动仪新的复原模型。在研制过程中，著名科学家冯锐还采用了一些新技术、新方法，即利用洛阳地震台接收到的现代陇西地震记录，算出模拟的陇西历史地震的波动效应，然后把数据输入计算机，再控制特殊的振动台完成洛阳地面震动过程的复现，用这种运动信号对振动台上的复原模型进行检验和改进。2005年4月16日，地动仪复制成功，这一科研成果得到了来自中国科学院、国家博物馆、中国地震局等单位的地震学和考古学专家的肯定。专家们认为：这台复原地动仪首次把概念模型还原成了科学仪器，使之真正有了验震功能，是一次重大的跨越。

第一讲　天文历法技术

划时代的历法——《乾象历》

　　《乾象历》是东汉天文学家刘洪的著作，它的出现使传统历法面貌为之一新。《乾象历》确立了很多历法概念和经典的历算方法，对后世历法产生了深远的影响，被称为"划时代的历法"。

　　刘洪（约130—196），字元章，泰山郡蒙阴（今山东蒙阴县）人，东汉杰出的天文学家和数学家。刘洪自幼勤奋好学，具有渊博的知识。由于他是鲁王宗室，所以，年轻时就成为宫廷内臣，这对于施展他的政治抱负和潜心研究天文历法算有着得天独厚的条件。

　　刘洪青年时期曾任校尉之职，对天文历法有特殊的兴趣。约160年，由于他对天文历法的研究已经广为人知，刘洪被调到执掌天时、星历的机构任职，为太史部郎中。在此后的十余年中，他积极从事天文观测与研究工作，这为刘洪后来在天文历法方面的造诣奠定了坚实的基础。就在这期间，他与蔡邕等人一起测定了二十四节气时太阳所在恒星间的位置、太阳距天球赤极的度距、午中太阳的影长、昼夜时间的长度以及昏旦时南中天所值的二十八宿度值等5种不同的天文数据。这些观测成果被列成表格收入东汉四分历中，依据这一表格可以用一次差内插法分别计算任一时日的上述5种天文量。从此，这些天文数据表格及其计算成为中国古代历法的传统内容之一。刘洪参与了开创这一新领域的重要工作，这也是他步入天文历法界的最初贡献。

　　在刘洪以前，人们对于朔望月和回归年长度值已经进行了长期的测算工作，取得过较好的数据。但刘洪发现：依据前人所使用的这两个数值推得的朔望弦晦以及节气的平均时刻，长期以来普遍存在滞后于实际的朔望等时刻的现象。经过数十年的潜心求索，刘洪大胆地提出前人所使用的朔望月和回归年长度值均偏大

◆ 刘洪塑像

◆ 蔡邕像。蔡邕（132—192）是东汉末期著名学者，精通文史历法音乐，他向皇帝推荐刘洪研究历法，他还与刘洪一起补续了《汉书·律历记》。

的正确结论，给上述历法后天的现象以合理的解释。

在《乾象历》中，刘洪取一朔望月长度为29+773/1457日，误差从东汉四分历的20余秒降至4秒左右；取回归年长度为365+145/589日，误差从东汉四分历的660余秒降至330秒左右。刘洪大约是从考察前代交食记录与他自己对交食的实测结果入手，即从古今朔或望时刻的厘定入手，先得到较准确的朔望月长度值，然后依据十九年七闰的法则，推演出回归年长度值的。由于刘洪是在这两个数据的精度处于长达600余年的停滞徘徊状态的背景下，提出他的新数据的，所以这不但具有提高准确度的科学意义，而且还含有突破传统观念的束缚，为后世研究的进展开拓道路的

历史意义。

刘洪的贡献还在于，他确立了黄白交点退行的新概念。他大约是从食年长度小于回归年长度这一人们早已熟知的事实出发，经抽象的思维而推演出这一概念。刘洪明确给出黄白交点每经1日退行1488/47分（≈0.054°，称"退分"）的具体数值。已知回归年长度(A)和食年长度(B)，以及1度＝589分，那么"退分"应等于(A−B)/B×589，将有关数值代入计算，正得1488/47分。可见，刘洪当年的思路和退分值的计算正是如此。

总之，《乾象历》创新很多，比起战国至汉初普遍实行的《四分历》更精密，为"后世历法的师法"。

延伸阅读

刘洪终生求索的精神

刘洪善于从前辈的研究中获取营养和启迪，又善于参与天文历法的辩难和论争，从他的同代人中获得最新的思想和信息。他还善于实践和探索，使自己的研究工作长期处于反复实践与检验的动态流程之中，不断进行去粗存精的筛选和锤炼。他更勇于创新，这是他敢于面对客观事实、敢于提出问题、敢于突破传统的局限、敢于解决问题的个人品质所促成的。在刘洪的一生中，在太史部任职的10余年，是他专职从事天文历法工作的宝贵时间，而更多的研究工作，则是他充分利用出任各种不同行政职务的空暇时间进行的，这就更加大了他研究工作的艰辛程度。如果没有这种孜孜不倦、终生求索的精神，刘洪就不可能作出如此巨大的贡献。

历法史上著名的新历——《大明历》

在天文学方面，祖冲之创制了中国历法史上著名的新历——《大明历》。在《大明历》中，他首次引用了岁差，是我国历法史上的一次重大改革；他编制的《大明历》，开辟了历法史的新纪元。

祖冲之（425—500），字文远，祖籍范阳郡遒县（今河北涞水县），我国南北朝时期杰出的数学家、科学家。祖冲之的家族对天文历法素来就有研究，祖冲之从小就有机会接触天文、数学等方面的知识，这种家学渊源是祖冲之从事科学活动极为有利的条件。祖冲之青年时，就得到了博学多才的名声，宋孝武帝听说后，派他到"华林学省"做研究工作，华林园乃是国家藏书讲学之所，这是他开始科学研究的重要一步。

◆ 祖冲之像

有一天，祖冲之在自己书房中翻阅历书《春秋四分历》《太初历》《后汉四分历》《元始历》《元嘉历》等，对这些古人制定的历法书认真地比较，仔细地探讨。他发现五胡十国时期的北凉（316—420）的赵𦊆于421年作的《元始历》中，第一次不用十九年七闰的旧章法，而改用六百年二百二十一闰。他不禁连连称赞："好！大胆的尝试！"于是他又拿出了算筹，细心地计算了起来，计算结果表明：十九年七闰，闰数过多，在二百年内，就要比实际多出一天来。

"看来十九年七闰的旧章法，是非改不可！"祖冲之开始思索这样的一个问题：要进一步提高历法的精度，光靠桌上的那几本历书行吗？不行！得靠自己去观测，用实际观测得来的数据，才能进行正确的计算。但是，该从哪里入手呢？对！就从测定冬至的日期着手！

他在观测站上，立起了一个八尺高的圭表，观测日影的长度。在观测册上记下了一个又一个数据，记录着一个又一个变化的日

◆祖冲之塑像。位于北京建国门立交桥西南角古观象台内。

化和测定冬至点逐年变化的数值（岁差）。他根据自己的实际测验和计算结果，首先证实了岁差现象的存在，同时还求出冬至点每一百年向西移动1度。这是历法史上的一个创举，揭开了我国历法改革的崭新一页。

这些观测数据为祖冲之创制《大明历》打下了基础。462年，《大明历》终于得以颁行，这是当时最科学的历法。祖冲之制定的《大明历》岁实取365.24281481日，与现代天文学所测结果，一年中仅有六十万分之一的误差，在那个时代这是一项卓越的贡献。

影。后来，他又设计了计时的漏壶。在记下日影长短的同时，记下了准确的时间。

一年、两年过去了。用竹简串起来的观测记录把本来十分宽敞的书房，堆得十分拥挤。但是还没有得出理想的结果。这是什么原因呢？经过艰苦的努力，祖冲之发现：由于冬至前后的影长变化不太明显，再加漏壶表示的时间不那么准确，这给冬至时刻的准确测定带来了困难。

他总结失败的教训，想出了一个新方法：不直接观测冬至那天日影的长度，而观测冬至前后二十三四天的日影长度，再取它的平均值，求出冬至发生的日期和时刻。因为离开冬至日远些，日影的变化就快些，所以这一方法提高了冬至时刻的测定的精度。

后来，祖冲之用圭表测定了回归年的长度后，又用浑仪等测角器测定太阳在恒星间的位置，开始研究太阳一年中运动的快慢变

知识小百科

"交点月"的天数

所谓交点月，就是月亮连续两次经过"黄道"和"白道"的交叉点，前后相隔的时间。黄道是我们看到的太阳运行的轨道，白道则是月亮运行的轨道。交点月的日数是可以推算得出来的，祖冲之测得的交点月的日数为27.21223日，比过去天文学家测得的要精密得多，同近代天文学家所测得的交点月的日数27.21222日已极为近似。由于日蚀和月蚀都是在黄道和白道交点的附近发生，所以推算出交点月的日数以后，就更能准确地推算出日蚀或月蚀发生的时间。在当时天文学的水平下，祖冲之能得到这样精密的数字，实在惊人。

第一讲 天文历法技术

天文学发展的新阶段——张子信的三大发现

张子信的三大发现具有划时代的意义，为天文历法体系的完善增添了全新的内容。他对这三大发现具体的、定量的描述方法，把我国古代对于交食以及太阳与五星运动的认识推进到一个新阶段，为一系列历法计算问题的突破性进展开拓了道路。

张子信，生卒年不详，清河（今河北清河县）人，北魏、北齐间著名的天文学家。

526年至528年间，在华北一带曾发生过一次以鲜于修礼和葛荣为首的农民起义，这次起义声势浩大，震动朝野。为了躲避这次农民起义的影响，张子信跑到了一个海岛上隐居起来。在海岛上，他制做了一架浑仪，专心致志地测量日、月、五星的运动，探索其运动的规律。在这一相对安定的环境中，他孜孜不倦地工作了30多年。在取得大量第一手观测资料的基础上，张子信还结合他所能得到的前人的观测成果，进行了综合的分析研究。

565年前后，张子信敏锐地发现了关于太阳运动不均匀性、五星运动不均匀性和月亮视差对日食的影响的现象，同时提出了相应的计算方法，它们在中国古代天文学史上是具有划时代意义的事件。

太阳视运动不均匀性的发现

据后人猜测，张子信大约是通过两个不同的途径发现太阳运动不均匀现象的。其一，我们知道太阳视运动从平春分到平秋分（时经半年）所历的黄道度数，要比从平秋分到平春分（亦时经半年）所历度数少若干度。于是，前半年太阳视运动的速度自然要比后半年来得慢，即张子信所说的"日行春分后则迟，秋分后则速"（《隋书·天文志》）。

其二，张子信发现，如果仅仅考虑月亮运动不均匀性的影响，所推算的交食时刻往往不够准确，还必须加上另一修正值，才

◆ 天体仪。1905年制造，陈列于南京紫金山天文台，用于显示天球的各种坐标、天体的视运动和亮星位置。

科技文化九讲

中华文化公开课

能使预推结果与由观测而得实际交食时刻更好地吻合。该值的正负、大小与二十四节气有密切和稳定的关系。更重要的是，张子信由此升华出太阳视运动不均匀性的结论，给予"入气差"以合理的解释。他还推算出了二十四节气"入气差"的具体数值，这是我国古代对太阳视运动不均匀性现象所作的最早的明确的定量描述。

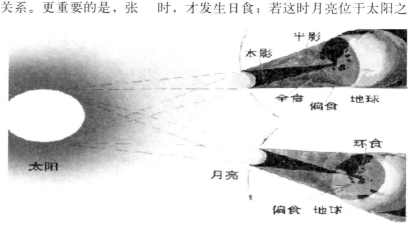

◆ 日食的形成。当月亮在太阳和地球中间、三者位置差不多成一线的时候会发生日食现象。

五星运动不均匀性的发现

经过长期的观测，张子信发现，依据传统的方法推算得出的五星晨见东方的时刻，往往与实际天象不相符，常有应见而不见，或不应见而见的情况发生。由进一步的考察，他确认五星晨见东方时刻的这种超前或滞后及其时间的长短，也与二十四节气有紧密的、稳定的关系。张子信认为，这正是五星运动不均匀性的具体反映。同样，他也推算出了五星二十四节气"入气加减"的明确数值，从而实现了五星运动不均匀性的初始的定量描述。

食差的发现

食差的发现，是关于交食研究的一大进展。张子信认识到对于日食而言，并不是日月合朔入食限就一定发生日食现象，入食限只是发生日食的必要条件，还不是充分条件。他指出，只有当这时月亮位于太阳之北时，才发生日食；若这时月亮位于太阳之南，就不发生日食，即所谓"合朔月在日道里则日食，若在日道外，虽交不亏"（《隋书·天文志中》）。这就是张子信关于食差的发现的真实天文含义。

延伸阅读

张子信成功的秘诀

张子信之所以能在天文学上取得如此巨大的成功，首先就在于他勇于实践的精神，他认识到尽量丰富的客观素材对于获取新知的重要性，坚持不懈地进行了30多年的观测工作，其次，张子信还善于探索，他从表面上看来杂乱无章的客观事实中，理出带有规律性的东西，第三，他还勇于创新，大胆地追究这些带规律性的现象的深层原因，作出理论上的说明，并且给出定量化的描述。张子信的三大发现均较好地体现了他关于科学研究的指导思想和方法。

具有里程碑意义的历法——《皇极历》

《皇极历》是我国历史上一部具有里程碑意义的历法，它首次考虑到太阳和月亮视运动的不均匀性，创立了等间距二次差内插法。这在中国天文学史和数学史上都有重要地位，后代历法计算日月五星运动使用的内插法多继承《皇极历》的方法并继续发展。

刘焯（544—610），字士元，信都县（今河北省冀州市）人，隋朝经学家、天文学家。刘焯自幼聪敏好学，少年时代曾与河间景城（今河北省献县东北）人刘炫为友，两人一同寻师求学。后师从大儒刘智海门下，寒窗十载，苦读不辍。这十年苦读，使刘焯成为饱学之士，以儒学知名受聘为州博士，与刘炫当时并称"二刘"。

隋文帝开皇年间，刘焯中秀才。后

来，他到京都长安(今陕西省西安市)与著作郎王劭同修国史。这时刘焯已年近40岁，虽官微位卑，还是积极参加了这时的历法论争。这一年，他献上了经苦心钻研和实测而得的新历法《皇极历》。可是，隋文帝却颁用了宠臣张宾所献的《开皇历》。刘焯即与当时著名的天文学家刘孝孙一起反对张宾之历，指出该历不用岁差法、定朔法等六条重大失误。但是，事与愿违，刘孝孙却因此被扣上"非毁天历"的罪名，刘焯也被加上"妄相扶证，惑乱时人"的罪名被调到门下省。

刘焯曾再被召用，又再被罢黜，两次挫折之后，遂使他专心著述，不问政事。先后写出《历书》《五经述义》等若干卷，名声大振。据史书载："名儒后进，博学通儒，无能出其右者。"他的门生弟子很多，成名的也不少，其中衡水县的孔颖达和盖文达，就是他的得意门生，二人后来成为唐初的经学大师。

隋炀帝即位，刘焯被重新启用，任太

◆ 刘焯像

是我国史书记载说，南北相距1千里的两个点，在夏至的正午分别立等长的测杆，它的影子相差一寸，即"千里影差一寸"说。刘焯第一个对此谬论提出异议。后于724年，唐代张遂等才实现了刘焯的遗愿，并证实了刘焯立论的正确性。

其三，他较为精确地计算出岁差(假定太阳视运动的出发点是春分点，一年后太阳并不能回到原来的春分点，而是差一小段距离，春分点遂渐西移的现象叫岁差)，定出了春分点每75年在黄道上西移1度。而此前晋代天文学虞喜算出的是50年差1度，与实际的71年又8个月差1度相比，刘焯的计算要精确得多。唐、宋时期，大都沿用刘焯的数值。

◆《天文大象赋》书影。《天文大象赋》是隋末李播撰写的一部重要天文学著作。李播之子李淳风在天文历法上造诣很高，他依据《皇极历》造出了《麟德历》。

学博士。当时，历法多存谬误，刘焯多次建议修改。600年，他呕心沥血造出了《皇极历》，很可惜未被采用。但他对天文学的研究，达到了很高的水平。唐初李淳风依据《皇极历》造出的《麟德历》被推为古代名历之一。

刘焯在科学上的贡献主要有三：

其一，在《皇极历》中，他首次考虑视运动的不均匀性，并主张改革推算二十四节气的方法，废除传统的平气，使用他创立的定气法。这些主张，直到1645年才被清朝颁行的《时宪历》采用，从而完成了我国历法上第五次也是最后一次大改革。

其二，刘焯力主实测地球子午线。源起

知识小百科

定朔法

定朔法是以朔日为每月的初一，又将回归年划分为二十四节气，在缺中气之月置闰，既反映了太阳热力作用对地球的影响，又反映了以月亮为主，加上太阳对地球的引潮力共振的周期变化，融阴月阳年为一体，为我国传统文化的瑰宝。但因大小月无定序，不时有2—4个大月、2—3个小月相邻，以缺中气之月为闰月，闰月游移不定，各年同名节气在格里历（简称格历）3—4天里波动，不便推算、记忆和使用。

古代历法体系的成熟——一行的科技成就

一行是我国唐代著名的天文学家，他在制造天文仪器、观测天象和主持天文实地测量方面都有卓越的贡献。一行主持修订的《大衍历》是我国唐代最精密的历法，比较准确地反映了太阳运行的规律，标志着中国古代历法体系的成熟。

一行（673—727），本名张遂，河北巨鹿人，唐代著名的天文学家。

一行自幼聪颖过人，有过目不忘的本领。他去元都观拜见博学多闻的道士尹崇，尹崇借了一部西汉扬雄所作的《太玄经》给他看。《太玄经》是一部文词艰涩、内容隐晦的书，一般人很难看得懂。隔了几天，一行便把这部书交还尹崇。尹崇以为一行是觉得这部书实在太玄了，看不懂，所以就赶快还书。但当一行拿出他

◆ 一行塑像。位于西安大雁塔北广场。

的读书笔记请教尹崇时，尹崇惊讶不已，他对一行的聪明才智赞不绝口，并向外宣扬一行的学问，从此一行就以学识渊博而闻名于长安。

唐玄宗时，一行受命编写新的历法。他准备开始观测天象的时候，发觉当时所用的天文仪器都已经陈旧腐蚀，不堪使用。他便立刻重新设计，制造了大批天文仪器，还在世界上第一次组织了大规模的子午线长度测量工作。

制造浑天铜仪和黄道游仪

在修订历法的实践中，为了测量日、月、星辰在其轨道上的位置和掌握其运动规律，一行与梁令瓒共同制造了观测天象的"浑天铜仪"和"黄道游仪"。浑天铜仪是在汉代张衡的"浑天仪"的基础上制造的，上面画着星宿，仪器用水力运转，每昼夜运转一周，与天象相符。还装了两个木人，一个每刻敲鼓，一个每辰敲钟，其精密程度超过了张衡的"浑天仪"。"黄道游仪"的用处，是观测天象时可以直接测量出日、月、星辰在轨道

的座标位置。一行使用这两个仪器，有效地进行了对天文学的研究。

测量子午线

724年（开元十二年），一行修改旧历法的准备工作已经完成了许多，于是开始着手测量子午线的长度。一行的测量工作以河南为中心，北至内蒙古，南至广州以南，广泛收集数据，以求测出当地北极星的高度和冬至、夏至、春分、秋分四天正午时日影的长度。河南周边的那些测量点，由太史监南宫说带队测量，测量的重点是滑县、浚仪、扶沟、上蔡四处的数据。

这次测量跨度大，时间长，一直到两年之后，各种测量数据才陆续汇集齐。一行和南宫说立即投入了复杂的计算。他们终于算出了：北极星高度相差1度，南北间的距离就相差351里80步，折合成现在的距离就是129.22千米，这正是子午线1度的长度。

一行测量子午线，是一项规模宏大的系统工程，为后来的实地测量和天文学奠定了基础。世界上所有的科学史研究者都认为，这确实是一次富有创新精神的科学活动，给予它极高的评价。

制定《大衍历》

725年（开元十三年），一行开始编历。经过两年时间，写成草稿，定名为《大衍历》。《大衍历》是一部具有创新精神的历法，最突出的表现是它比较正确地掌握了太阳在黄道上运动的速度与变化规律。自汉代以来，历代天文学家都认为太阳在黄道上运行的速度是均匀不变的。一行采用了

"不等间距二次内插法"推算出每两个节气之间，黄经差相同而时间距却不同。这种算法基本符合天文实际，在天文学上是一个巨大的进步。

◆ 一行到此水西流。此石碑和一行墓(唐一行禅师之塔)位于浙江台州天台山国清寺外七佛塔上方。

不仅如此，一行还应用内插法中三次差来计算月行去支黄道的度数，还提出了月行黄道一周并不返回原处，要比原处退回1度多的科学结论。《大衍历》对中国天文学的影响是很大的，直到明末的天文学家们都采用这种计算方法，并取得了好的效果。

知识小百科

覆矩

为了测量北极仰角，一行设计了一种叫"覆矩"的测量工具。据考证，"矩"在我国古代天算典籍中有两种含义：一是形似木工曲尺的平面区域，即所谓的"积矩"；二是勾股形中的勾边加股边夹一直角构成的直角折线，即所谓的"矩线"。这说明一行的覆矩是一种用"角度"表示地平高度的测量工具。使用时，把覆矩的一个特定边指向北极，使此边恰好在人眼和北极的连线上，则重锤线即能在量角器上直接读出北极的地平高度。

唐代天文星象名著——《开元占经》

《开元占经》是我国古代的一部天文学著作，书中保存了中国最古老的关于恒星位置观测的记录，包含了大量物异和天文星象等方面的术语，在天文史上很有研究价值。

《开元占经》全名是《大唐开元占经》，作者是瞿昙悉达，成书时间约在718至726年之间。唐朝以后，《开元占经》一度失传，所幸在明末又被人发现，才得以流传。全书共120卷，保存了唐以前大量的天文、历法资料和纬书，还介绍了16种历法有关纪年、章率等基本数据。在书中，各种物异和天文星象等方面的术语很多。

瞿昙悉达祖籍印度，其先世由印度迁居中国。关于他本人的生平史料传世很少。在《开元占经》卷一中记载，唐睿宗景云二年（711），瞿昙悉达奉敕作为主持人，参加修复北魏晁崇所造铁浑仪的工作，并于唐玄宗先天二年（713）完成。在《旧唐书·天文志》中又记载有，瞿昙悉达于唐玄宗开元六年（718）奉敕翻译印度历法《九执历》。这部历法后来被录入了《开元占经》，至于瞿昙悉达何时编撰《开元占经》，史无明文。但据今人薄树人考证，瞿昙悉达大概是在开元二年（714）二月之后奉敕编撰《开元占经》的，至于编成时间，则应在开元十二年（724）前后。

《开元占经》中关于日蚀现象的论述有很高的科学水平。当时已发明了预报日食的方法，但在时刻计算上还比较粗疏：天文学家借助了一盆水使观测者专注的目光从长时间向上仰视刺目的太阳光本身转变为自然微俯观测刺目程度较低的水中太阳

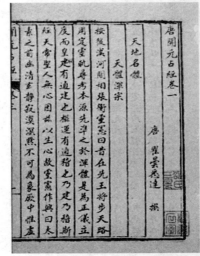

◆ 《唐开元占经》书影

像，从而可以大大减轻观测者的痛苦和疲劳。这个观测方法的发明大大提高了观测日食的能力和质量。此外，《开元占经》还集录了日全食时人们看到的太阳外层的一

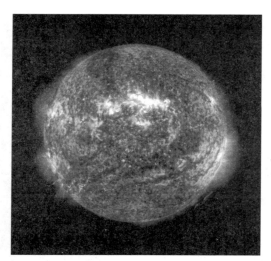

◆ 日珥造就的火焰般的太阳

些现象，如日珥和日冕。

另外，《开元占经》记述了大量古代天文学家有关宇宙结构和运动的认识，而且其中有一些是仅见于此书的。如后秦天文学家姜岌的《浑天论参难》，梁武帝在长春殿召集群臣讨论天文、星象的记载，以及祖暅对姜岌的批评等等。还有些论述在别的古书中虽也有所记载，但是《开元占经》所录却更为详尽。如对祖暅的《浑天论》、陆绩的《浑天象说》等的记载都较《晋书·天文志》《隋书·天文志》等所记为详。所以，集中记述宇宙理论的《开元占经》卷一、卷二，乃是研究中国古代宇宙观的必读之书。

《开元占经》中保存了大量已失传的古代文献资料。据初步统计，《开元占经》中摘录有现已失传的古代天文学和星占学著作共约77种，纬书共约82种。这些佚书在其他古籍中间或已有记载，但完全不如《开元占经》丰富。如有关纬书，明代曾有一位学者孙珏从许多唐宋古籍中辑录出一部纬书辑佚集，题为《古微书》。然而，自《开元占经》重新发现后，清朝人所辑的《玉函山房辑佚书》等所辑纬书篇幅超出了《古微书》好几倍。至于天文学和星占学的著作，则还没有人全面重新辑佚过。此外，《开元占经》中还摘有若干现已佚失的经学、史学和兵家著作。总之，《开元占经》作为保存古代文献的著作来说，称得上是一座宝库。

延伸阅读

《开元占经》的流传

《开元占经》自撰成以后，传世极少。这是因为这是一部以星占术为主的书，宣扬天命论，笃信迷信的历代封建统治者都把它视为高度的机密，生怕有人拿其中的话，结合天上的天象来"妖言惑众"，危及自己的统治，所以本书在唐、宋时代就流传极少。宋以后即无记载，甚至连明代的皇家天文台也无藏本。直到明神宗万历四十四年（1616），安徽歙县有叫程明善的学者，因给古佛像布施装金，而在佛腹中发现了一部抄本。当今传世较广的是道光年间的恒德堂刻版巾箱本。近年来，中国台北出版了文渊阁藏本《四库全书》影印本。1989年中国书店也出版了影印本。

第一讲

天文历法技术

自动化的天文台——水运仪象台

苏颂发明的水运仪象台是我国古代的一种综合性观测仪器，它集观测天象的浑仪、演示天象的浑象、计量时间的漏刻和报告时刻的机械装置于一体，充分体现了我国古代人民的聪明才智和富于创造的精神，是一部自动化的天文台。

苏颂（1020—1101），字子容，厦门同安人，北宋天文学家、药物学家。

苏颂出生在一个书香仕宦之家，他的祖父、伯父、堂叔、兄长都是宋朝的进士，他的父亲苏绅担任过大理寺丞、尚书员外郎、直史馆、翰林学士等官职。在如此的家庭环境下，苏颂自幼便勤奋好学、博览群书，22岁那年便与王安石同榜考中进士。从那时开始，苏颂步入仕途，从地方到中央，担任了一系列重要的官职，最后位及宰相，为官50多年，政绩颇丰。

实际上，苏颂在处理宋朝政府事务时，已经显示出作为一个科学家严谨治学的行事风格。苏颂曾在宋朝的文史馆和集贤院任职九年。工作的便利，让他每天能接触到皇家收藏的许多重要典籍和资料，其中有不少是稀世珍本。苏颂对这些资料很感兴趣，每天背诵两千字文章，回家后再将它默写记录保存下来。经过长期的积累，苏颂的学识变得更加渊博。在这9年里，苏颂还与掌禹锡、林亿等编辑补注了《惠佑补注神农本草》，校正出版了《急备千金方》等书，又主持编

著了《本草图经》21卷。明代著名医学家李时珍对《本草图经》的科学价值亦予以极高的评价。

苏颂一生标志性的贡献，在于他制成了

◆ 水运仪象台

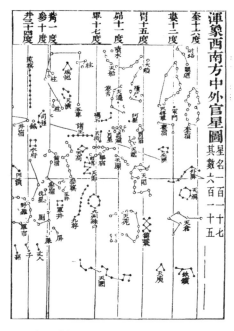

◆ 《新仪象法要》中的星图

水运仪象台。1085年（元丰八年），苏颂组织了一批科学家，并运用自己丰富的天文、数学、机械学知识开始设计制作水运仪象台，历时3年终于告成。仪象台以水力运转，集天象观察、演示和报时三种功能于一体，是世界上最早的天文钟。其后，苏颂又写了《新仪象法要》3卷，详细地介绍了水运仪象台的设计及使用方法。

根据《新仪象法要》记载，水运仪象台是一座底为正方形、下宽上窄略有收分的木结构建筑，高大约有12米，底宽大约有7米，共分为3层。上层是一个露天的平台，设有浑仪一座，用龙柱支持，下面有水槽以定水平。浑仪上面覆盖有遮蔽日晒雨淋的木板屋顶，为了便于观测，屋顶可以随意开闭，构思比较巧妙。露台到仪象台的台基有7米多高。中层是一间没有窗户的"密室"，里面放置浑象。天球的一半隐没在"地平"之下，另一半露在"地平"的上面，靠机轮带动旋转，一昼夜转动一圈，真实地再现了星辰的起落等天象的变化。下层包括报时装置和全台的动力机构等。设有向南打开的大门，门里装置有五层木阁，木阁后面是机械传动系统。

水运仪象台的构思广泛吸收了以前各家仪器的优点，尤其是吸取了北宋初年天文学家张思训所改进的自动报时装置的长处；在机械结构方面，采用了民间使用的水车、筒车、桔槔、凸轮和天平秤杆等机械原理，把观测、演示和报时设备集中起来，组成了一个整体，成为一部自动化的天文台。

因此，英国科学家李约瑟等人认为水运仪象台"可能是欧洲中世纪天文钟的直接祖先"，并称赞苏颂是中国古代甚至是中世纪世界范围内最伟大的博物学家和科学家之一。

知识小百科

《新仪象法要》

《新仪象法要》是苏颂为水运仪象台所作的设计说明书，成书于宋神宗绍圣初年，约1094—1096年间。这本书的开头有苏颂《进仪象状》一篇，报告造水运仪象台的缘起、经过和它与前代类似仪器相比的特点等。正文以图为主，介绍水运仪象台总体和各部结构。各图附有文字说明。卷上介绍浑仪，有图17种。卷中介绍浑象。除5种结构图外，另有星图两种5幅，四时昏晓中星图9种。卷下则为水运仪象台总体、台内各原动及传动机械、报时机构等，共图23种，附图本作法图4种。本书是中国现存最早的水力运转天文仪器专著，反映了中国11世纪的天文学和机械制造技术水平。

第一讲 天文历法技术

27

历法史上的伟大革命——《十二气历》

十二气历的设置，是中国古代在历法制度中的一项独特创造。它正确地反映了一年中季节和寒暑交替的客观规律，对于指导农业生产和手工业生产有着重要的意义。

沈括（1031—1095），字存中，号梦溪丈人，北宋杭州钱塘县（今浙江杭州）人，北宋科学家、政治家，我国历史上最卓越的科学家之一。他精通天文、数学、物理、化学、生物学、地理学、农学和医学，他还是卓越的工程师和出色的外交家。

沈括小时候有一个爱刨根问底的习惯，喜欢琢磨一些别人想不到的问题。有一天，沈括正在自己家的庭院里背诵白居易的《大林寺桃花》一诗："人间四月芳菲尽，山寺桃花始盛开……"突然，一阵风吹来，将院中树上的桃花吹落在地。他想：为什么山下的桃花四月已经凋谢了，而山上寺庙里的桃花却刚刚开放呢？白居易连这点常识都不知道？还号称大诗人呢？

母亲为了让沈括弄清楚这个问题，特意让他邀请几个同伴一起到山上散散心。沈括他们来到山上，果然满山的桃花正在怒放，这可把小沈括难住了。同样是桃花，为什么这里的却开得这么晚呢？突然，一阵冷风吹来，他顿时恍然大悟，拍着自己的脑门大声说："我明白了！原来是山上地势高，温度低，所以花开得

就晚，这是由气候条件决定的！"

小沈括回到家后，立即把这一重大发现记录下来。从此，沈括对气象产生了浓厚的兴趣，开始阅读有关气象的书籍，注意气象的变化，立志要做一名气象学家。

◆ 沈括塑像。位于镇江市梦溪广场。

中国古代一贯是阴阳历并用的，因此历法存在一个根本问题，就是阴阳历之间的调合问题。我们知道，月亮绕地球的运转周期为29.530588天，地球绕太阳的动转周期则为365.242216天，这两个数互除不尽。这样，以十二个月来配合二十四节气的阴阳合历就始终存在矛盾。虽然我们祖先很早就采用了闰月的办法来进行调整，但是历日与节气脱节的现象还是时有发生。

为了解决这个问题。沈括进行了长期周密细致的研究。他说，寒去暑来，万物生长衰亡的变化，主要是按照二十四节气进行的，而月亮的圆缺与一年农事的好坏并没有很大关系。以往的历法仅仅根据月亮的圆缺来定月份，节气反而降到了次要地位，这是不应该的。正是从以上考虑出发，他提出了一个彻底改革的方案：以纯阳历取代阴阳合历，这就是十二气历。沈括指出，只有纯阳历才能把节气固定下来，从而更好地满足农业生产对历法的需要。

十二气历是完全按节气来定历的历法制度。它把一年分为四季，每季分为孟、仲、季三个月，以立春那天为孟春之月的首日，以下类推，用节气来定月份。每月有大有小，大月31日，小月30日，一般大小月相间，一年最多有一次两个小月相连。即使有"两小相并"的情况，也不过一年中出现一次。有"两小相并"的年份为365天，没有的年份为366天。至于月亮的圆缺，虽与节气无关，但为着某些需要，可在历书上注明"朔""望"。这是一种纯太阳历的历法制度，既与实际星象和季节相合，又便于各种生产活动。

沈括十二气历的提出，是历法制度方面一项根本性的变革，这是中国与世界历法史上的一次革命性的突破，它既简便又科学，既符合天体运行的实际情况，又十分有利于农事的安排，从根本上解决了历法适应农业生产需要的问题，是中国古代历法中的一个优秀代表。遗憾的是，在古代中国守旧思想极为严重的环境下，十二气历最终未能颁发实行。

◆ 立春图。芒神鞭春牛，立春备耕忙。

第一讲 天文历法技术

元代著名科学家——王恂

王恂精通数学、天文和历法，奉元世祖诏命改革历法，和郭守敬一道组织太史局，任太史令，负责天文观测和推算方面的工作，在《授时历》的编制工作中，其贡献与郭守敬齐名。王恂为我国天文、历法、数学科学事业的发展，作出了一定的贡献。

王恂（1235—1281），字敬甫，中山唐县（今河北唐县）人，我国元代著名数学家、文学家。王恂生于金朝末年，父亲王良曾任金朝中山府吏，因故辞职回乡，潜心研究数学和伊洛之学（即程朱理学），尤其对数学的研究颇有造诣。良好的家教环境，加上王恂自幼聪颖好学，为他后来的成就打下了坚实的基础。

王恂3岁时，其母授以《千字文》，王恂过目成诵，13岁学"九数"（即方田、粟米、衰分、少广、均输、盈不足、方程、勾股、商功）。当时其父与元朝太保刘秉忠交往甚密，秉忠拜会王良时，发现王恂聪明绝顶，才思过人，堪称神童。征得其父母同意，遂将王恂带到磁州（今磁县）天文台培育深造，这年王恂14岁。

王恂到磁州后，在刘秉忠精心培育下，18岁时被推荐给元世祖忽必烈任太子伴读。元中统二年（1261）任太子赞善。翌年裕宗被封为燕王、中枢令兼领枢密院事，他对王恂非常器重，口令两府大臣，凡有咨禀，必

须要王恂得知。此时王恂已兼管太子起居，常为裕宗讲解尧舜善政、治国安邦之道，并将辽金兴亡之事编成故事讲给裕宗听，让其区别善恶。王恂深得太子赞赏，说王恂学识渊博，是难得的良师益友，召令大臣子弟随王恂学习。后来王恂拜为国子祭酒，掌管国子监所属各学校。

◆ 观星台。位于河南登封，建于1276年，由王恂和郭守敬主持修建，是我国现存时代较早、保护较好的天文台，也是世界上最早的天文建筑之一。

◆ 浑仪。元代郭守敬设计制造，明代仿制，现在南京紫金山天文台。

当初，刘秉忠在世，根据天文学的发展，认为《大明历》承用了两百多年，渐渐暴露出它的不周密性，企图加以修正。刘秉忠死后，皇帝根据他的设想，命王恂创制新历。于是王恂举荐了已经告老的许衡，同杨恭懿、郭守敬等遍考40多家历书，从汉代的《三统历》，到宋代的《大明历》，他们昼夜测验，参考古制，创立新法，推算极为精密准确，研究总结了1182年、70次改历经验，考察了13家历律推算方法，前后三年派专人分赴全国四方，定点做日晷实地测量，精心计算，大胆创新，计算出一年为365.2425天，一月为29.530593天，一年的1/24作为一个节气，以没有中气的月份为闰月。明朝实行的《大统历》基本上就是《授时历》。如果把这两部历法看成一部，《授时历》是中国历史上实行年代最久的历法，历时长达364年。

王恂在《授时历》中，提出了招差法（即三次内插公式），并运用招差法推算太阳、月球和行星的运行度数；又创造了"弧矢割圆术"即球面直角三角形解法，来处理黄经和赤经、赤纬之间的换算，准确率大大提高。这些成就在世界上都处于领先地位，其贡献与郭守敬齐名。王恂自己没有著作流传，但世人对他的评价甚高，称他为"算术冠一时"的数学家。

至元十六年(1279)，王恂升为嘉议大夫、太史令，主管太史院，负责推算历法，观测天象。次年新历法完成，根据古语"敬授人时"的说法，赐名《授时历》，当年冬天就颁行天下。

知识小百科

招差法的发展

招差法是中国古代的一种计算方法，相当于今二次内插公式，它的发展与古代天文学的发展紧密相关。隋代刘焯《皇极历》列出的公式，是等间距二次内插法在中国的首次出现。唐代一行《大衍历》中，给出了不等间距二次内插法公式。这些二次内插公式，大约是通过几何图形的出入相补相互拼凑的方法得到的。宋代以后，由于对高阶等差级数的研究，招差法有了新的进展。元代郭守敬等人在《授时历》中应用了三次差的招差公式。

第一讲

天文历法技术

郭守敬的成就——仰仪和《授时历》

郭守敬是元代著名的天文学家、数学家、水利专家和仪器制造专家。他与王恂、许衡等人共同编制出中国古代最先进、施行最久的历法《授时历》。为了编历，他创制和改进了简仪、高表、候极仪、浑天象、玲珑仪、仰仪、立运仪、证理仪、景符、窥几、日月食仪以及星晷定时仪12种天文仪器仪表，为中国天文学的发展作出了不可磨灭的贡献。

郭守敬（1231—1316），字若思，顺德邢台（今河北邢台）人。我国元代著名的天文学家、数学家、水利专家和仪器制造专家。

郭守敬的祖父郭荣是金元之际一位颇有名望的学者，他精通五经，熟知天文、算学，擅长水利技术。郭守敬就是在祖父的教养下成长起来的。祖父一面教郭守敬读书，一面领着他去观察自然现象，体验实际生活。郭守敬自小就喜欢自己动手制作各种器具，在十五六岁的时候就显露出了科学才能。

修水利显身手

1264年，郭守敬在老师张文谦的带领下赴西夏兴修水利。那时，西夏沿着黄河两岸已经修筑了不少水渠，但在成吉思汗征服西夏的时候，大部分水闸水坝都遭到了破坏，渠道也都填塞了。郭守敬到了那里，立即着手整顿。有的地方疏通旧渠，有的地方开辟新渠，又重新修建起许多水闸、水坝。在郭守敬的带领下，百姓一起动手，这些工程竟然在几个月之内就完工了。郭守敬充分展示了自己在水利工程方面的卓越才干，回到上都后就被任命为都水少监。

发明仰仪

仰仪是郭守敬的独创，这件仪器是一个铜制的中空半球面，形状像一口仰天放着的锅，所以命名为"仰仪"。半球的口上刻着

◆ 郭守敬像

中华文化公开课 科技文化九讲

◆ 简仪。郭守敬设计制造，现在南京紫金山天文台。

东西南北的方向，用一纵一横的两根竿子架着一块小板，板上开一个小孔，孔的位置正好在半球面的球心上。太阳光通过小孔，在球面上投下一个圆形的象，映照在所刻的线格网上，立刻可读出太阳在天球上的位置。人们可以避免用眼睛逼视那光度极强的太阳本身，就看明白太阳的位置，这是很巧妙的。更妙的是，在发生日食时，仰仪面上的日象也相应地发生亏缺现象。这样，从仰仪上可以直接观测出日食的方向，亏缺部分的多少，以及发生各种食象的时刻等等。

修订《授时历》

1276年，元朝政府决定改订旧历，颁行元朝自己的历法，下令组织历局，调动了全国各地的天文学者，另修新历。应老同学王恂的邀请，郭守敬参加了新历的修订工作，他奉命制造仪器，进行实际观测。

为了修订新历，郭守敬共设计和监制了简仪、高表、候极仪、浑天象、玲珑仪、仰仪、立运仪、证理仪、景符、窥几、日月食仪、星晷定时仪等12种天文仪器，这些仪器设备推动了郭守敬的科学研

究工作，也为我国天文事业的发展作出了巨大的贡献。

经过王恂、郭守敬等人的集体努力，到1280年春天，一部新的历法终于宣告完成了，元世祖将它命名为《授时历》。同年冬天，正式颁发了根据《授时历》推算出来的下一年的日历。

《授时历》是中国古代最先进、施行最久的一部精良历法。它采用至元十七年（1279）的冬至时刻作为计算的出发点，以至元十八年（1280）为"元"，即开始之年。所用的数据，个位数以下一律以100为进位单位，即用百进位式的小数制，取消日法的分数表达式。它以365.2425天为一年，比地球绕太阳一周的实际时间只差26秒，与现在在国际上通行的格里历的周期相同，但是格里历比《授时历》晚了整整300年。

《授时历》这部优秀的新历法，节气的推算比较准确，对农业生产的帮助很大，在中国实际行用了364年，并且还传到朝鲜、日本和越南等国家。

专家点评

学者尼米聪、谷瑞雪在《试论郭守敬的科学思想与思维特征》中说道："元代科学家郭守敬在天文、水利、测绘、仪器制造等方面成就辉煌，有多项发明遥遥走在世界的前端。"郭守敬以毕生精力从事科学活动，服务社会，恢复经济，发展经济，造福民众，以至于在元朝当代就有人赞叹"天佑我元，似此人世岂易得，呜呼，其可谓度越千古矣"。他的科学思想与科学思维方式是我国宝贵的历史文化财富。

明清之际的民间天文学家——王锡阐

王锡阐是我国著名的民间天文学家，他在吸收欧洲天文学优点的基础上，发展了中国天文学，曾独立发明计算金星、水星凌日的方法，并提出精确计算日月食的方法。王锡阐所著《晓庵新法》、《历说》和《五星行度解》等，为中国近代天文学和数学的发展作出了卓著贡献。

王锡阐（1628—1682），字寅旭，号晓庵，江苏吴江人，我国明清之际的民间天文学家。王锡阐与天文数学家梅文鼎同时而又齐名，王锡阐号晓庵，梅文鼎号勿庵，遂被后人并称为"二庵"。两人都娴于天文历算，然而王锡阐精核，梅文鼎博大，各造其极，不分高下。

1644年，李自成的农民起义军进入北

◆ 王锡阐纪念馆。位于江苏省吴江市震泽镇。

京，明朝覆亡；随即清军入关南下，弘光小

朝廷覆灭。在急风暴雨的时代大变迁中，由于难以忍受"留发不留头，留头不留发"的民族高压政策，江南各地纷纷起兵抗清。

王锡阐当时年仅17岁，却具有强烈的民族自尊，为了表示忠于明朝，他奋身投河自尽，但是意外地被人救了起来。此后，王锡阐放弃了科举考试之路，他隐居在乡间，以教书为业，致力于学术研究，甘心做一个故国遗民而终其一生。

王锡阐性格孤僻，对于天文历算特别爱好，在参加惊隐诗社活动和写作《明史记》的同时，一直不停地进行天文研究。王锡阐热衷于实际测算，每当遇到天色晴朗，他就爬到屋顶上，仰卧着观察天空中的星象，整夜不睡觉。然后他对历算书籍进行精心研究，验证实际测算的结果。经

◆ 《晓庵新法》书影

过长期的实际测算，王锡阐对于中、西历法有了相当深度的了解，他曾作《西历启蒙》和《大统历法启蒙》来讨论中、西历法的优劣。王锡阐基于一贯倡导的探求数理之本的主张，在当时作的《历说》、《晓庵新法序》以及以后的著作中，对中、西历法的交食、回归年、刻度划分、节气闰法、行星理论等主要问题作了评论。

王锡阐生活在耶稣会士东来，欧洲天文数学知识开始传入中国的时期。这些天文方法有较高的精确度，其中运用了对中国来说还是全新的三角几何学知识、明确的地球观及度量概念，因而产生了巨大影响。对于应否接受欧洲天文学，当时中国学者有三种不同态度：一种是顽固拒绝，一种是盲目吸收，只有他能持批判吸收的态度。他从当时集欧洲天文学大成的《崇祯历书》入手，对其前后矛盾、互相抵触之处予以揭露，对其不足之处予以批评，进而在吸收欧洲天文

学优点的基础上，发展了中国天文学。他在对中西历法有了较深了解的基础上，兼采中西，参与己意，写成《晓庵新法》和《五星行度解》。

《晓庵新法》共六卷，运用刚传到中国的球面三角学，首创准确计算日月食的初亏和复圆方位的演算法，以及金星、水星凌日和五星凌犯的演算法，后来都被清政府编入《历象考成》，成为编算历法的重要手段。

《五星行度解》是在第谷体系的基础上建立的一套行星运动理论。第谷为丹麦天文学家，曾提出一种介乎托勒密的地心体系和哥白尼的"日心体系"之间的宇宙体系。王锡阐认为五大行星皆绕太阳运行，土星、木星、火星在自己的轨道上左旋，金星、水星在自己的轨道上右旋，各有各的平均行度；太阳在自己的轨道上绕地球运行，这轨道在恒星天上的投影即为黄道。他据此推导出一组公式，能预告行星的位置，这种探讨使他成为中国较早注意引力现象的学者之一。

知识小百科

凌日

所谓"凌日"，就是当金星或水星运行到太阳和地球之间，人们看见太阳表面出现小黑点，这是金星或水星在日面上的投影，这种自然现象叫作凌日。水星和金星的轨道分别与黄道有7°和3.4°的倾角，所以并不是每次合日都发生凌日，只有当水星或金星和地球同时都很接近升、降交点时才发生。地球经过水星升交点在11月10日前后，经过水星降交点在5月8日前后，所以水星凌日只能发生在这两个日期附近，同样，金星凌日也只能发生在12月9日和6月7日附近。上一次发生金星凌日的日期是2012年6月6日。

第二讲
地质勘测技术

最早的地理学巨著——《山海经》

《山海经》是一部富于神话传说的古老地理书，也是我国最早的地理学巨著。这本独特的奇书，记载了地理、神话、宗教、矿产等多方面内容，天南海北，包罗万象，堪称我国古籍中蕴珍藏英之最者，实为研究上古时代绝好的资料。

《山海经》是先秦古籍，主要记述古代地理、物产、神话、巫术、宗教等，也包括古史、医药、民俗、民族等方面的内容。除此之外，《山海经》还记载了一些奇怪的事件，对这些事件至今仍然存在较大的争论。

这部古老的奇书记载了大量的神话故事，被人们广为传诵。传说在尧的时候，天上有十个太阳同时出现在天空，把土地烤焦了，庄稼都枯干了，人们热得喘不过气来，倒在地上昏迷不醒。因为天气酷热的缘故，一些怪禽猛兽，也都从干涸的江湖和火焰似的森林里跑出来，在各地残害人民。

人间的灾难惊动了天上的神，天帝命令善于射箭的后羿下到人间，协助尧解除人间的苦难。后羿带着天帝赐给他的一张红色的弓，一口袋白色的箭，还带着他美丽的妻子嫦娥一起来到人间。后羿立即开始了射日的战斗。他从肩上取下那红色的弓，取出白色的箭，一支一支地向骄横的太阳射去，顷刻间十个太阳被射去了九个。尧认为留下一个太阳对人民有用处，于是拦阻了后羿的继续

射击。这就是有名的后羿射日的故事。

《山海经》里还记载了女娲补天的故事。传说当人类繁衍起来后，忽然水神共工和火神祝融打起仗来，他们从天上一直打到地下，闹得到处不宁。结果祝融打胜了，但败了的共工不服，一怒之下，把头撞向不周山。不周山崩裂了，支撑天地之间的大柱断折了，天倒下了半边，出现了一个大窟窿，

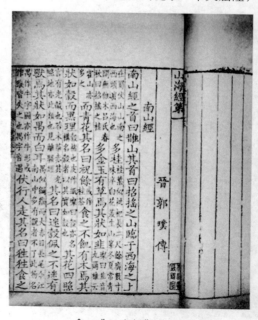

◆ 《山海经》书影

◆ 女娲炼石补天图

地也陷成一道道大裂纹，山林烧起了大火，洪水从地底下喷涌出来，龙蛇猛兽也出来吞食人民。人类面临着空前大灾难。

女娲目睹人类遭到如此奇祸，感到无比痛苦，于是决心补天，以终止这场灾难。她选用各种各样的五色石子，架起火将它们熔化成浆，用这种石浆将残缺的天补好，随后又斩下一只大龟的四脚，当作四根柱子把倒塌的半边天支起来。女娲还擒杀了残害人民的黑龙，刹住了龙蛇的嚣张气焰。最后为了堵住洪水不再漫流，女娲还收集了大量芦草，把它们烧成灰，埋塞向四处铺开的洪流。

经过女娲一番辛劳整治，天补上了，地填平了，水止住了，龙蛇猛兽敛迹了，人民又重新过着安乐的生活。但是这场特大的灾祸毕竟留下了痕迹。从此天还是有些向西北倾斜，因此太阳、月亮和众星辰都很自然地归向西方，又因为地向东南倾斜，所以一切江河都往那里汇流。

《山海经》全书共18篇，约3.1万字。全书内容，以五藏山经5篇和海外经4篇作为一组；海内经4篇作为一组；而大荒经5篇以及书末海内经1篇又作为一组。每组的组织结构，自具首尾，前后贯串，有纲有目。五藏山经的一组，依南、西、北、东、中的方位次序分篇，每篇又分若干节，前一节和后一节又用有关联的语句相承接，使篇节间的关系表现得非常清楚。该书按照地区把这些事物一一记录。所记事物大部分由南开始，然后向西，再向北，最后到达大陆（九州）中部。九州四围被东海、西海、南海、北海所包围。

古人一直把《山海经》当作史书看待，是中国各代史家的必备参考书。

延伸阅读

《山海经》作者争论

《山海经》的书名最早见于《史记》。自《山海经》问世之后，围绕其内容、成书时间的争论，它的作者是谁一直众说纷纭，乃至酿成学术界中千年未解的悬案。按照刘向、刘歆父子和东汉王充的"正统"说法，《山海经》的作者是大禹和伯益，但人们在《山海经》中却找到了发生在大禹和伯益以后的史实，因此"禹、益作说"受到了质疑。此后，隋朝的颜之推虽坚持旧说，但面对难以掩盖的漏洞，他只好用"后人属入，非本文也"来作掩饰。所以，《山海经》的作者便成了众多学者考证的对象，种种假说纷纷而出，如"夷坚作说""邹衍作说"等。

第二讲 地质勘测技术

航海史上的重大突破——指南针

指南针的发明是我国古代科学技术发展史上的重大进步。指南针及磁偏角理论在远洋航行中发挥了巨大的作用，使人们第一次获得了全天候航行的能力，人类第一次得到了在茫茫大海中航行的自由。

相传在4000多年以前，在中国北方的中原地区，黄帝和蚩尤在涿鹿进行过好几次大规模的战争。战斗持续了半年的时间，但仍没有分出胜负。按道理说，黄帝在这场战斗中应该能够取胜，因为他的部落相对比较强大，而且也代表着正义。但是，每当战斗即将胜利的时候，总会出现突来的大雾，迷漫山野，让人辨不出方向，所以每次都是前功尽弃。黄帝认为这大雾降得蹊跷，就派人上山侦查蚩尤部落的动静，发现这些大雾都是蚩尤施妖术弄出来的。黄帝回到营地后，在仙女的帮助之下，制造出了指南车，借助于指南车，黄帝率领军队冲出了重重迷雾的阻挡，最终打败了蚩尤，取得了战争的胜利。

与指南车有相同功能的是指南针。指南针是用以判别方位的一种简单仪器，它的前身是中国古代四大发明之一的司南。指南针的主要组成部分是一根装在轴上可以自由转动的磁针，磁针在地磁场作用下能保持在磁子午线的切线方向上。磁针的北极指向地理的北极，利用这一性能可以辨别方向。

指南针一经发明很快就被应用到军事、生产、日常生活、地形测量等方面，特别是航海上。在《萍洲可谈》中有记载："舟师识地理，夜则观星，昼则观日，阴晦则观指南针。"这是世界航海史上最早使用指南针的记载。12世纪以后，指南针传到了阿拉伯

◆ 黄帝战蚩尤画像砖

中华文化公开课

科技文化九讲

国家和欧洲，又大大推动了世界航海事业的发展和中西文化交流。指南针的发明，是中华民族对世界文明的一项伟大贡献。马克思曾把指南针和印刷术、火药的发明称作"是资产阶级发展的必要前提"。

指南针的始祖

指南针的始祖"司南"出现在战国时期。它是用天然磁石制成的，样子像一把汤勺，可以放在平滑的"地盘"上并保持平衡，且可以自由旋转。当它静止的时候，勺柄就会指向南方，所以古人称它为"司南"。

司南的出现是人们对磁体指极性认识的实际应用，但司南也有许多缺陷。首先是天然磁石很难找到，加工时又容易失磁，所以司南的磁性比较弱。它与地盘接触处要非常光滑，否则会很难旋转起来，达不到预期的指南效果。而且司南有一定的体积和重量，携带很不方便，这也是司南长期未得到广泛应用的主要原因。

人工磁化的发明

指南针是磁铁做成的，但天然磁石又很难找到，于是中国古人便发明了一种人工磁化的方法，利用地球磁场使铁片磁化，即把烧红的铁片放置在子午线的方向上。铁片烧红后，铁片中的磁畴便瓦解而成为顺磁体，蘸水淬火后，磁畴又形成，但在地磁场作用下磁畴排列变得具有方向性，所以能指示南北。人工磁化方法的发明，对指南针的应用和发展起了巨大的作用。

◆ 司南

指南针的发明是我国劳动人民，在长期的实践中对物体磁性认识的结果。由于生产劳动，人们接触了磁铁矿，开始对磁性质的了解。人们首先发现了磁石引铁的性质，后来又发现了磁石的指向性。经过多方的实验和研究，终于发明了极具实用价值的指南针。

延伸阅读

罗盘的发明

在指南针发明后，人们发现要确定方向仅仅依靠指南针是远远不够的，还需要有方位盘相配合。随着测方位的需要，出现了磁针和方位盘一体的罗盘。方位盘仍是二十四向，但是盘式已经由方形演变成圆形。这样一来，只要看一看磁针在方位盘上的位置，就能断定出方位来。不过，此时的罗盘，还是一种水罗盘。明代嘉靖年间，又出现了旱罗盘。旱罗盘将钉子支在磁针的重心处，使磁针不再在水面上飘荡，而且摩擦的阻力很小，磁针转动起来更加自由。

第二讲 地质勘测技术

最早的历史地图集——《禹贡地域图》

　　魏晋年间杰出的地图学家裴秀主编的《禹贡地域图》，是中国目前有文献可考的最早的历史地图集。其中记载的绘制地图的6项原则，即著名的"制图六体"，为中国传统地图奠定了理论基础，裴秀因此被称为中国传统地图学的奠基人。

　　裴秀（224—271），字季彦，魏晋期间河东闻喜（今山西省闻喜县）人，我国古代著名的地图学家、政治家。

　　裴秀出身于官宦之家，祖父裴茂，父裴潜，都官至尚书令。裴秀自幼喜欢学习，8岁就会写文章，学识比较广博。他的权父裴徽，当时名望很高，家中常有很多宾客来往。有些宾客在来拜见裴徽之后，还要到裴秀那里交谈，听听他的议论，那时裴秀年仅10余岁。

　　由于裴秀才华出众，很受人们的赞赏。渡辽将军毋丘俭把他推荐给当时掌握辅政大权的曹爽。曹爽遂任命裴秀为黄门侍郎，并袭父爵清阳亭侯，时年25岁。晋武帝司马炎代魏称帝后，裴秀又先后担任尚书令和司空，在他担任司空后，除在朝廷中负责其他政务外，还负责管理国家的地图和户籍人口。由于职务上的关系，他得以接触更多的地理和地图知识，对古代地理和地图进行了仔细整理和精心研究。可惜，他最终因服寒食散又饮冷酒，不幸逝世。

　　裴秀的一生，在政治上相当显赫。但是他深为后人称赞的，是他生前的最后几年在地图学方面作出的贡献。裴秀的重要成就是主持编绘《禹贡地域图》18篇和他在为此图撰写的序中提出的"制图六体"。"制图六体"就是地图制图的六条原则，分别为：分率（用以反映面积、长度的比例，即当今比

◆ 裴秀塑像

◆ 禹贡九州图

例尺）、准望（用以确定地貌、地物彼此间的相互方位关系）、道里（用以确定两地之间道路的距离）、高下（即相对高程）、方邪（即地面坡度的起伏）、迂直（即实地高低起伏与图上距离的换算）。此外，他还缩制旧天下大图为"方丈图"，或称"地形方丈图"。裴秀又著有《冀州记》《〈易〉及〈乐〉论》，未完成的著作有《盟会图》和《典治官制》等。

裴秀主持编绘的《禹贡地域图》有比例尺，地物的相对位置比较准确；对于名山大川、政区界线、城邑所在、主要交通路线等，也一一表示清楚。在图例设计方面，用线条表示政区界，于圆形或方形框内加注名称表示郡国县邑，山川名称亦加括圆（或方）形框，道路用虚线表示，河流用曲线表示并注河流名称，山脉除注名称外可能还用形象符号表示。类似这样的图例设计，在长沙马王堆三号汉墓出土的帛书地图以及流传至今

的宋代地图上，都可见到。

裴秀以前，中国在地图学方面虽然积累了十分丰富的实践经验，但是缺少理论概括和指导。自裴秀提出"制图六体"之后，即为中国地图学者所遵循，如唐代的贾耽和宋代的沈括等都曾在论述中表明，裴秀"六体"是他们绘制地图的规范。可以说，在明末清初欧洲的地图投影方法传入中国之前，裴秀的"六体"一直是中国古代绘制地图的重要原则，对于中国传统地图学的发展影响极大。

知识小百科

《禹贡》

大约在春秋战国时期，出现了我国历史上一部地理学名著《禹贡》。《禹贡》的体裁属于地志，属《尚书》中的一篇，是迟于《山海经·山经》、早于《汉书·地理志》的先秦最富于科学性的地理记载。它和《山海经·山经》有些地方相像，诸如题材也是托古于夏禹治水的神话传说，其分区标准，打破当时邦国割据、诸侯林立的局限，而以大一统思想着眼，以名山大川为界等等。不同的是，《禹贡》利用了战国时期发达的地理学知识，超脱了《山海经·山经》极原始的地理概念，扬弃了神话成分而专就人类力所可及的平治水土方面来讲；摆脱了《山海经·山经》确认四方为沟洫，而已知惟东方是海，超过了《山海经·山经》东西南北中"五方"的极原始朴素的区划，代之以实际得多的"九州"的区划。因此，我们可以说，《禹贡》运用战国时期迅速发展的地理学知识，突破原始的幻想阶段，以征实为目的，尚实地考察，比《山海经·山经》又取得了巨大的进步。

佛教地志类著作——《佛国记》

《佛国记》是一部典型的游记，它是中国人最早以实地的经历，根据个人的所见所闻，记载1600多年以前中亚、南亚、东南亚的历史、地理、宗教的一部杰作，是研究中国与印度、巴基斯坦等国的交通和历史的重要史料。

法显（334—420），俗姓龚，司州平阳郡（今山西临汾）人，东晋佛教高僧。他是中国佛教史上的一位卓越革新人物，是中国第一位到海外取经求法的大师，也是杰出的旅行家和翻译家。

法显本来有三个哥哥，但都在童年夭亡了。他的父母担心他也会夭折，于是在他

◆《佛国记》书影

三岁的时候，将他送到佛寺当了小和尚。法显十岁时，他的父亲去世了。叔父考虑到他的母亲寡居难以生活，便要他还俗。法显这时对佛教的信仰已非常虔诚，他对叔父说："我本来不是因为有父亲而出家的，正是要远尘离俗才入了道。"他的叔父也没有勉强他。不久，他的母亲也去世了，他回去办理完丧事仍即还寺。

法显性情淳厚。有一次，他与同伴数十人在田中割稻，遇到一些穷人来抢夺他们的粮食。诸沙弥吓得争相逃奔，只有法显一人站着未动。他对那些抢粮食的人说："你们如果需要粮食，就随意拿吧！只是你们现在这样贫穷，正因为过去不布施所致。如果抢夺他人粮食，恐怕来世会更穷。贫僧真为你们担忧啊！"说完，他从容还寺，而那些抢粮的人竟被他说服，弃粮而去。这件事使寺中僧众数百人莫不叹服。20岁时，法显受了大戒。从此，他对佛教信仰之心更加坚贞，行为更加严谨，时有"志行明敏，仪轨整肃"之称誉。

东晋隆安三年（399），65岁的法显

中华文化公开课

科技文化九讲

◆ 法显塑像。法显铜像位于青岛崂山华严寺前，是为了纪念法显从印度取经回国在崂山登岸而建。

已在佛教界度过了62个春秋。60多年的阅历，使法显深切地感到，佛经的翻译赶不上佛教大发展的需要。特别是由于戒律经典缺乏，使广大佛教徒无法可循，以致上层僧侣穷奢极欲，无恶不作。为了维护佛教"真理"，矫正时弊，年近古稀的法显毅然决定西赴天竺，寻求戒律。这年春天，法显同慧景、道整、慧应、慧嵬四人一起，从长安起身，向西进发，开始了漫长而艰苦卓绝的旅行。

经过13年的跋山涉水，法显回到了祖国，这时他已经78岁了。他在临终前的7年多时间里，一直紧张艰苦地进行着翻译经典的工作，共译出了经典六部六十三卷，计数

万言。在抓紧译经的同时，法显还将自己西行取经的见闻写成了一部不朽的著作——《佛国记》。

《佛国记》全文9500多字，它不仅是一部传记文学的杰作，而且是一部重要的历史文献，在世界学术史上占据着重要的地位，是研究当时西域和印度历史的极为重要的史料。《佛国记》还详尽地记述了印度的佛教古迹和僧侣生活，因而后来被佛教徒们作为佛学典籍著录引用。此外，《佛国记》也是中国南海交通史上的巨著。中国与印度、波斯等国的海上贸易，早在东汉时期已经开始，而史书上却没有关于海风和航船的具体记述。《佛国记》对信风和航船的详细描述和系统记载，成为中国最早的记录。

专家点评

　　法显以年过花甲的高龄，完成了穿行亚洲大陆又经南洋海路归国的远途陆海旅行，他留下的杰作《佛国记》，不仅在佛教界受到称誉，而且也得到了中外学者的高度评价。近代学者梁启超说："法显横雪山而入天竺，赍佛典多种以归，著《佛国记》，我国人之至印度者，此为第一。"斯里兰卡史学家尼古拉斯·沙勒说："人们知道访问过印度尼西亚的中国人的第一个名字是法显。"他还把《佛国记》中关于耶婆提的描述称为"中国关于印度尼西亚第一次比较详细的记载"。日本学者足立喜六把《佛国记》誉为西域探险家及印度佛迹调查者的指南。印度学者恩·克·辛哈等人也称赞说："中国的旅行家，如法显和玄奘，给我们留下有关印度的宝贵记载。"

宇宙未有之奇书——《水经注》

北魏地学家郦道元的《水经注》，全面系统地介绍了水道所流经地区的自然和经济地理等方面的内容，是一部历史、地理、文学价值都很高的综合性地理著作，对研究我国古代的历史、地理有很多的参考价值。

郦道元（约470—527），字善长，古范阳涿郡（今河北高碑店）人，北魏地理学家、散文家。

郦道元生活于北魏末年，他从少年时代起就爱好旅游，对地理考察有浓厚的兴趣。十几岁时，他随父亲到山东，经常与朋友一起到有山水的地方游览，观察水流的情景。当时，他们游历过临朐县的熏冶泉水，观看了石井的瀑布。瀑布奔泻而下的水流，激起了滚滚波浪和飞溅的水花，那铿锵有力的巨大音响，在川谷间回荡。这美丽壮观的景色，使郦道元大为陶醉。

后来，他在山西、河南、河北做官，经常乘工作之便和公余之暇，留意进行实地的地理考察和调查。凡是走到的地方，他都尽力搜集当地有关的地理著作和地图，并根据图籍提供的情况，考查各地河流干道和支流的分布，以及河流流经地区的地理风貌。他或跋涉郊野，寻访古迹，追溯河流的源头；或走访乡老，采集民间歌谣、谚语、方言和传说，然后把自己的见闻，详细地记录下来。日积月累，他掌握了许多有关各地地理情况的原始资料，逐渐积累了丰富的地理学知识。

郦道元爱好读书，尤其是有关地理记述的书籍，在日常生活中，书籍更是他不可分离的伴侣。他读书非常认真，对书中的记载力求弄懂、弄通，对各书中记述同一地方而有出入的问题，更是着意探究其原因。后来，他发现古代的地理书——《水经》，虽

◆ 郦道元塑像

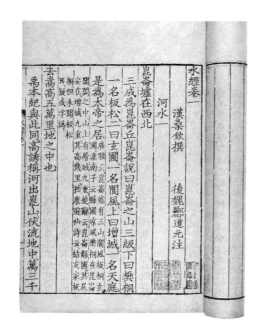

◆ 《水经注》书影

然对大小河流的来龙去脉都有记载，但由于时代更替，城邑兴衰，有些河流改道，名称也变了，但书上却未加以补充和说明。于是郦道元开始给《水经》作注。

但是，他并不是图省力，简单地为《水经》作注释，而是下了一番苦功夫。《水经》一书记载的河流仅137条，文字总共只有一万多字。郦道元在《水经注》中补充了许多河流，数量比《水经》增加了近10倍，达1252条，其中有些还是独立流入大海的重要河流。《水经注》共计40卷，约30万字。仅从这些就可以看到，郦道元的《水经注》是一部内容远远超过《水经》一书的再创作，书中凝聚着郦道元大量的辛勤劳动，是他多年心血的结晶。

《水经注》中的内容，除郦道元亲身考察所得到的资料外，还引用了大量的历史文献和资料，其中引用前人著作达437种之多，还有不少汉、魏时代的碑刻材料。这些书籍和碑刻，后来在历史的变迁中大都已经散失了，幸而有郦道元的引用转录，才尚存一斑，使我们能够知道这些书籍和碑刻的部分内容。

郦道元以饱满的热情，浑厚的文笔，精美的语言，形象、生动地描述了祖国的壮丽山川，为我们展现了1600多年前中国的地理面貌，使人们读后可以对各地的地理状态及其历史变迁有较清晰的了解。例如从关于北京地区的描述中，我们可以知道当时北京城的城址、近郊的历史遗迹、河流以及湖泊的分布等，还可以了解到北京地区人们早期进行的一些大规模改变自然环境的活动，像拦河堰的修筑、天然河流的导引和人工渠道的开凿等。这是我们现在所能得到的关于北京地区最早的地理资料，也是我们研究北京地区历史地理变迁的一个重要地点。从这个意义上说，《水经注》在今天仍然具有生命力，是不可多得的历史地理文献，对研究我国古代的历史、地理有很多的参考价值。

专家点评

清初学者张岱说："古人记山水，太上郦道元，其次柳子厚，近则袁中郎。"称郦道元是山水游记文学的巨擘，世人所公认。原德国柏林大学校长、国际地理学会会长李希霍芬（1833—1905）称郦道元《水经注》是"世界地理学的先导"；东南亚学者认为郦道元是"中世纪世界上最伟大的地理学家"。

地理探险家玄奘的名著——《大唐西域记》

玄奘是我国唐朝时期杰出的佛经翻译家、旅行家，《大唐西域记》记载了玄奘亲身经历和传闻得知的138个国家和地区、城邦，对研究古代中亚及南亚的历史有非常重要的参考价值，更是印度佛教史研究的难得资料。

玄奘（602—664），俗名陈祎，洛州缑氏（今河南偃师）人，我国唐代伟大的佛经翻译家、地理探险家。玄奘自幼聪明异常，有很强的记忆力和理解力，8岁多就开始诵读佛经，并且在父亲的影响下，养成了广泛研究各种学问的兴趣。久而久之，玄奘萌发了出家为僧的想法。恰在此时，隋王朝要在洛阳剃度27名和尚。报名的人有好几百，年仅13岁、悟性极高的玄奘被大理卿郑善果破格录取。

617年，玄奘离开洛阳，先后游历四川、湖北、长安等地10余年，遍访名山大寺，质疑问难，寻求佛学真谛。在他发现各种佛学流派中所存在的对佛典精神的不同理解后，遂产生了前往佛教的诞生地印度"求取真经"、以探求佛学本来面目的想法。但由于当时唐王朝刚刚建立，面临着西突厥入侵的威胁，因此限制私人西行，朝廷没有批准玄奘西行的请求。627年，28岁的玄奘与一秦州（今甘肃天水）和尚为伴，离开长安，开始了他的万里孤征。

经过两年的艰险旅程，玄奘到达了印度，拜在著名的那烂陀寺百岁高僧戒贤法师门下，刻苦参研佛法，数年间精通了经藏、律藏、论藏，因此被尊称为"三藏法师"。但也因此招来了印度一些僧人的嫉妒。

一天，一名外道僧人在那烂陀寺

◆ 唐玄奘像

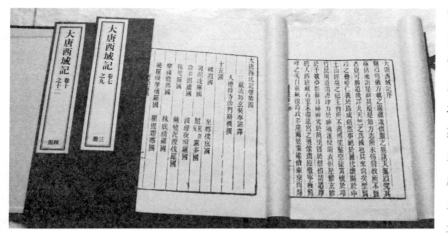

◆ 《大唐西域记》书影

记载了东起中国新疆、西至伊朗、南到印度半岛南端、北到吉尔吉斯斯坦、东北到孟加拉国这一广阔地区的历史、地理、风土、人情，科学地概括了印度次大陆的地理概况。特别是对各地宗教寺院的状况和佛教的故事传说，都作了详细的记载。对研究古代中亚及南亚的历史，有非常重要的参考价值。同时，该书也是中亚和南亚考古不可或缺的参考文献，考古学家曾根据书中提供的线索，发掘和鉴定了许多有重要价值的历史遗址和文物。印度著名的那烂陀寺遗址，就是据该书提供的线索发掘和复原的。

门前贴出50条疑难经义，宣称如果有人能够破解得其中一条，他就立即将自己的头颅砍下。寺中众僧皆闭门不出，任凭他大叫大骂。到了第四天早上，玄奘走到寺院门前，将50条经义丝毫不差地讲解了出来。外道僧人面如死灰，为了履行誓言，只得拔剑准备自刎。玄奘制止了他的的自残行为，并在他耳边仔细叮嘱了几句，外道感恩戴德地去了。经此一事，全寺众僧无不敬佩玄奘的渊博和大度。

贞观十七年(643)春，玄奘谢绝了戒日王和那烂陀寺众僧的挽留，携带657部佛经，取道今巴基斯坦北上，经阿富汗，翻越帕米尔高原，沿塔里木盆地南线回国，两年后回到了阔别已久的首都长安。玄奘此行，行程5万里，历时18年，是一次艰难而又伟大的旅行。

《大唐西域记》是玄奘回国后，遵照唐太宗的旨意由玄奘口述、弟子辩机记录下来的旅途所经各地情况的汇编，成书于贞观二十年(646)。该书的内容非常丰富，

延伸阅读

对《大唐西域记》的研究

19世纪以后，随着欧美等国的殖民地开发，世界东方学兴起，玄奘的著作因之受到了各国学者的重视，为之注疏、翻译、研究和引用者络绎不绝，对玄奘的贡献给予了充分的肯定和高度的评价。也就从这时起，玄奘成为世界文化名人。外国学术界最早对玄奘的研究，不是因他的译经事业，也不是因他在唐朝建立了法相宗，弘扬了佛教，而是因为他到印度求学取经后回来撰述了《大唐西域记》一书，里面介绍了不少南亚地区各国的情况，对古印度考古研究提供了不少有用的资料。

中国科学史的里程碑——《梦溪笔谈》

《梦溪笔谈》是北宋科学家沈括的笔记体著作，是中国科学技术史上的一部重要文献。它详细记载了劳动人民在科学技术方面的卓越贡献，反映了我国古代特别是北宋时期自然科学达到的辉煌成就，备受中外学者的推崇，被称为"中国科学史的里程碑"。

沈氏家族世代为官，沈括从小就跟随在外作官的父亲沈周四处奔波，饱览了华夏大好河山和风俗民情，视野和见识都比一般同龄孩子开阔得多，兴趣爱好也广泛得多。日月星辰、山川树木、花草鱼虫，没有他不喜欢琢磨的。

遗憾的是，就在沈括刚满18岁的时候，他的父亲去世了，家境顿时艰难起来。沈括不得不外出谋生，到海州沭阳县（今江苏沭阳）当了主簿。从那时起，政务便占据了这位天才科学家一生的大部分时间。但是，无论仕途多么险峻，宦海如何浮沉，公务怎样繁忙，他得志也罢，失意也罢，都从未放弃过科学研究。凭着超凡的意志、敏锐的观察力和过人的精力，他不停地攀登，终于达到了一个光辉的顶点。沈括知识渊博，天文地理、数理化、医药以及文学艺术，无不通晓。他在科学研究上涉猎范围之广，见解之精辟，都是同时代人所望尘莫及的。

沈括一生为官，四处飘泊，几乎走遍了大半个中国，峭拔险怪的名山，一碧万顷的平川，烟波浩渺的湖泊，飞湍急流的江河，到处留下他的足迹。他深邃的目光，透过青山秀水，看到了它们的沉浮变迁。在雁荡山，沈括发现了一个奇怪的现象：他曾游览过不少名山，都是从岭外便能望得见峰顶，而雁荡山却不然，只有置身山谷，才能看到

◆ 《梦溪笔谈》书影

◆ 梦溪园

梦溪园，潜心笔耕，写出了伟大的科学巨著《梦溪笔谈》。这是一部反映当时科技发展最新成就、内容丰富的著作，充分显示了作者的博学多闻和旷世才华。书中涉及数学、物理、化学、天文学、地学、生物、医学、工程技术等许多学科，共609条，可以说是一部集前代科学成就之大成的光辉巨著，备受中外学者的推崇。英国学者李约瑟称沈括是"中国科学史上最卓越的人物"，《梦溪笔谈》是"中国科学史的里程碑"。

高耸入云的诸峰。经过再三琢磨，沈括得出了结论：是山谷中的大水，将泥沙冲尽之后，这些巨石才高峻耸立，拔地而起的。而且，雁荡山的好多独特景观，如大小龙湫、初月谷等，也都是大水长年累月冲凿的结果。由此，他联想到西北那土墩高耸的黄土区，和雁荡山的成因相同，也是大自然的杰作，只不过一个是石质、一个是土质而已。沈括关于因水侵蚀而构造地形的观点，在当时只有阿拉伯的一位科学家"英雄所见略同"，直到700年之后，英国科学家赫登才完整地运用了这一原理论述地貌变化。另外，在冲积平原成因的解析方面，在"化石"的命名以及地形测量和地图绘制等方面，沈括的贡献也极有价值。

在数学、物理学、光学、声学、生物、医学、化学等诸多科学领域内，沈括也有很深的造诣。沈括晚年退出政坛，隐居在江苏镇江朱方门外竹影摇动、溪水潺潺的

知识小百科

"石油"一词的来历

最早给石油以科学命名的是我国宋代著名科学家沈括。作为自然产物，人类很早就发现了石油，但一直都没有准确的命名。历史上，国外称石油为"魔鬼的汗珠""发光的水"等，中国称"石脂水""猛火油""石漆"等。沈括在《梦溪笔谈》中，把历史上沿用的这些名称统一命名为石油，并对石油作了极为详细的论述。"延境内有石油……予疑其烟可用，试扫其煤以为墨，黑光如漆，松墨不及也……此物后必大行于世，自予始为之。盖石油至多，生于地中无穷，不若松木有时而竭。""石油"一词，首用于此，沿用至今。

航海史上的壮举——郑和下西洋

郑和下西洋不仅是我国航海史上的著名大事，也是世界航海史上的空前创举，在展示中国高超航海技术的同时，还传达了世界和平的美好理念。

郑和（1371—1433），本姓马，小字三保，云南昆阳（今晋宁昆阳镇）宝山乡知代村人，明代航海家、外交家、武术家。洪武十三年（1380）冬，明朝军队进攻云南。马三保被掳入明营，被阉割成太监，又称三宝太监。因跟随朱棣参与靖难之役有功，赐姓郑，始名郑和。从永乐三年（1405）至宣德八年（1433），郑和奉命率船队七下西洋，

◆ 郑和塑像

访问了亚非沿岸30多个国家和地区，最远到了非洲东海岸之麻林地（今属肯尼亚），为世界航海史上的创举。

在郑和远航的过程中，也曾遭遇到很多的困难。有一次，郑和的船队到达旧港（今苏门答腊岛的巨港）的时候，突然遭到海盗的拦截袭击。这群海盗的头子叫陈祖义，他见郑和船队船多兵众，不敢贸然下手，就假意向郑和投降，暗地里却准备打劫船队。郑和及时发现了陈祖义的阴谋，立即部署对策。等陈祖义率众人来抢劫时，他指挥将士们把海盗打败，杀死了5000多人，烧毁了海盗船只10艘，俘获7艘，还活捉了陈祖义。

据《明史·郑和传》记载，郑和航海宝船共63艘，最大的长44丈4尺，宽18丈，是当时世界上最大的海船，折合现今长度为151.18米，宽61.6米。船有4层，船上9桅可挂12张帆，锚重有几千斤，要动用200人才能启航，一艘船可容纳上千人。可以说，郑和的船队是一支以宝船为主体，配合以协助船"马船""粮船""坐船""战船"组成的规模宏大的航海舰队。郑和的船队完全是按照海上航行和军事组织进行编制的，在

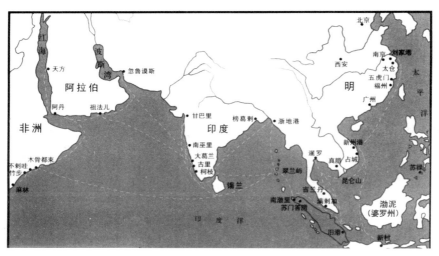

◆ 郑和下西洋路线图

个文明大国的责任：强大却不称霸，播仁爱于友邦，宣昭颁赏，厚往薄来。"

当时世界上堪称一支实力雄厚的海上机动编队。英国的李约瑟博士在全面分析了这一时期的世界历史之后，说："明代海军在历史上可能比任何亚洲国家都出色，甚至同时代的任何欧洲国家，以致所有欧洲国家联合起来，都无法与明代海军匹敌。"

郑和曾到达过爪哇、苏门答腊、苏禄、彭享、真蜡、古里、暹罗、阿丹、天方、左法尔、忽鲁谟斯、木骨都束等30多个国家，最远曾达非洲东岸、红海、麦加，并有可能到过澳大利亚。这些记载都代表了中国航海探险的高峰，比西方探险家达伽马、哥伦布等人早80多年。当时明朝在航海技术，船队规模、航程之远、持续时间、涉及领域等均领先于西方。

郑和下西洋是一种国家行为，它的历史意义还有许多超出于航海之外的解读。在稳定东南亚国际秩序、维护国家安全、发展海外贸易、传播中华文明等方面都有着积极作用。"郑和时代的中国，则是真正承担了一

延伸阅读

郑和下西洋的目的

明成祖朱棣统治时期，社会经济得到发展，国势日趋强盛。朱棣要建立一个天朝大国，要海外各国都来朝贡，于是派郑和下西洋，向海外各国夸示中国的富强，宣扬明朝的威德。同时朱棣还想用扬威海外来缓和国内一部分人对他武力夺取皇位的不满。有些书上说，朱棣派郑和下西洋，是找寻建文帝朱允炆的下落。明成祖的皇位是发动靖难之变从侄儿建文帝手中夺得的，明成祖怀疑建文帝逃到海外避难，恐怕他将来对自己构成威胁，所以派郑和下西洋暗中侦察建文帝的踪迹，以杜绝后患。所以，郑和率领的庞大船队，是由封建统治者组织的兼有外交和贸易双重任务的船队。

第二讲 地质勘测技术

53

地理学巨著——《徐霞客游记》

《徐霞客游记》是以日记体为主的地理学巨著，在中华民族和世界科学文化发展史上占有重要地位，并对当代中国科学文化发展有重要借鉴意义。书中对石灰岩溶蚀地貌的观察和记述，比欧洲早了两个世纪。

徐霞客（1587—1641），名弘祖，字振之，霞客是他的别号。明朝末期地理学家、探险家，旅行家和文学家。《徐霞客游记》是他一生最杰出的作品，开辟了地理学上系统观察自然、描述自然的新方向；既是系统考察祖国地貌地质的地理名著，又是描绘华夏风景资源的旅游巨篇，还是文字优美的文学佳作，在国内外具有深远的影响。在徐霞客对地理学的一系列贡献中，最突出的是他对石灰岩地貌的考察。他是世界上最早对石灰岩地貌进行系统考察的地理学家。

徐霞客出生在江苏江阴一个富庶的家庭。祖上都是读书人，称得上是书香门第。他的父亲徐有勉一生不愿为官，也不愿同权势交往，喜欢到处游览欣赏山水景观。徐霞客幼年受父亲影响，喜爱读历史、地理和探险、游记之类的书籍。这些书籍使他少年即立下了"大丈夫当朝游碧海而暮苍梧"的旅行大志。

1637年正月的一天，徐霞客来到湖南茶陵以西的一个小镇。在客店吃饭时，他向店主打听道："老哥，不知去麻叶洞怎么个走法？"店主一听"麻叶洞"三个字，脸色顿时大变，惊慌地回答说："快不要提麻叶洞，里面的妖精年年作怪，有两个书生不听劝，进去就再没出来！"

徐霞客听店主这么一说，游兴反而大增。天亮后他立即按照事先打听好的路线直奔麻叶洞而去。到得洞口，四下一看，只见奇峰高耸，怪石嶙峋，那麻叶洞在松柏掩映之下，隐约可见，险象环生。徐霞客不慌不

◆ 徐霞客像

科技文化公开课

中华文化九讲

54

◆ 《徐霞客游记》书影

忙，徐徐点燃手中的火把，便从洞口钻了进去。洞口很狭窄，仅容一人通过。洞内冷气袭人，阴森可怖，不时有水珠滴在颈上，令人毛骨悚然。也不知七拐八弯走了多少时间，只见侧面突然有一丝亮光，徐霞客忙绕了过去，随即被眼前的奇景惊得目瞪口呆：头顶的巨石上，齐刷刷裂开一丝狭缝，阳光从缝隙中射入，把洞中的景象映得宛如仙境一般。朦胧中，但见根根石柱从洞顶垂下，棵棵石笋从地上生出，千姿百态，变化万千，令人目不暇接。徐霞客心中明白，这是流水侵蚀岩石，溶化在水中的石膏（碳酸钙）逐渐凝结而形成的。像这样奇特的景观，他还是第一次见到，不觉暗自庆幸，亏得没听店主的话，否则岂不遗恨终身？

后来，在西南地区，徐霞客又多次仔细考察过石灰岩地貌，曾先后探访过101个岩洞。在他的笔记里，详尽地记述了溶蚀对这里地貌所起的不可抗拒的巨大作用。溶蚀，不仅能造成孤立突兀的奇峰和圆形的洼地，还能形成状如门洞的"天桥"以及岩洞中奇妙绝伦的石钟乳、石笋。对石灰岩地貌做如此广泛深入的考察和详细记录，徐霞客是世界第一人，比欧洲最早描述和考察石灰岩地貌的爱士培尔早100多年；而比欧洲最早对石灰岩地貌进行系统分类的罗曼更是早了200多年。可以毫不夸张地说，徐霞客是世界上研究石灰岩地形地貌的伟大先驱者。

徐霞客一生行程数万里，把汗水撒在了大半个中国的土地上。他的心血，凝成一部不朽的巨著——《徐霞客游记》。这部游记，是徐霞客30余年旅行考察的真实记录，具有极高的科学价值，为后人的研究提供了极其珍贵的资料，被称为"古今游记第一"。英国科学史专家李约瑟也赞叹说："他的游记读来并不像是17世纪的学者所写的东西，倒像是一部20世纪的野外勘察记录。"

知识小百科

徐霞客故居

徐霞客故居坐落在江苏省江阴市霞客镇，始建于明代，清代初翻修，现存三进两侧，保持原有的风貌。故居第一进面阔七间，进深六架，高5.8米。中悬陆定一写的"徐霞客故居"匾额，屏风背面置徐霞客半身浮雕像。第二进阔五间，进深六架，高5.8米，陈列徐霞客生平事迹、各种岩溶标本和现代专家、学者所撰论文、专著。第三进面阔五间，进深八架，高6.8米，正厅三间中悬沈鹏书写"崇礼堂"匾额，壁间陈列现代名人题词。东西两书房展示40多幅"徐霞客到过的地方"的风光照片。1993年，江阴市人民政府和中国徐霞客研究会在首都举办"千古奇人徐霞客纪念展"，获得巨大成功。

著名地理学家杨守敬及其成就

　　在清末民初的学术界，杨守敬是一位经历不凡、成就突出的大学者。他用毕生的精力研究《水经》《水经注》，集我国几百年水经研究之大成，写成了《水经注疏》《历代舆地沿革图》等伟大著作，享誉世界。

　　杨守敬（1839—1915），字惺吾、号邻苏，晚年自号邻苏老人，湖北省宜都市陆城镇人，清末民初杰出的历史地理学家、书法艺术家、藏书家。杨守敬出生于一个商人家庭，8岁的时候，母亲为他请了一位老师覃先生。

◆ 杨守敬像

　　一天，母亲准备好酒席，请覃先生吃饭。开席后覃先生夹了一块鸡腿一咬，鸡骨头把牙齿"顶"了一下，覃先生就对杨守敬说："香鸡稀烂棒硬。"此时，杨守敬正从厨房捧着一碗绿豆汤出来，随口就应声道："豆汤翻滚热烫。"覃先生昕后大吃一惊，想他小小年纪就出口不凡，于是就高高兴兴地收下了这位学生。

　　第二天是正月十五元宵节，宜都陆城家家户户门口都挂大红灯笼，覃先生的夫人做了一个鲤鱼跃龙门的大灯笼，覃先生就在灯笼的右面写了上联：龙变鱼，鱼变龙，龙鱼变化。写好后叫杨守敬来对下联。杨守敬说："老师，我若对上了，你奖给我什么呢？"覃先生说："我书案上的文房四宝任你挑一件。"

　　杨守敬马上对出了下联：老携幼，幼携老，老幼欢欣。覃先生听后，大加赞赏，连说："好，好，好！"杨守敬随即机敏地爬上覃先生的书案，抱上一块端砚跑回家去了。

　　杨守敬一生专心致志，刻心学习，一丝

中华文化公开课

科技文化九讲

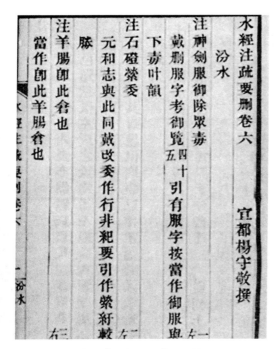

◆ 《水经注疏》书影

注》的研究成果，以朱谋㙔《水经注笺》为正文，考证精详，疏之有据。

《水经注疏》是明清以来郦学研究的一次全面总结和发展，代表了郦学地理学派的最高水平，备受学术界重视。近代学者汪辟疆评价它："抉择精审，包孕宏富。前修是者，片长必录，非者必严加绳正，至于期当；其引而未申者，稽考不厌其详。故精语络绎，神智焕发，真集向来治郦《注》之大成也。"

2006年5月25日，杨守敬故居和墓被国务院批准列入第六批全国重点文物保护单位名单。

不苟，严谨治学，这既是他的成功之道，也是他留给后人的宝贵精神财富。他11岁时，由于生计而辍读，开始习商，但仍不废学业，白天站柜台，晚间在灯下苦读，常至鸡鸣才就寝。18岁时参加府试，因答卷书法较差而落榜，于是他发愤练字。19岁再次参加府试时，五场皆第一。

杨守敬一生具有多方面的成就，尤以舆地学的成就最为突出，代表作是与门人熊会贞历时数十年写成的《水经注疏》。他对我国正史地理志和其它地理著作，都曾深入研究，撰写、绘制了十余种历史地理著作和72幅历代沿革舆地图。为写《水经注疏》，他对《水经》和《水经注》作了深入研究和考订，总结前人的得失，比前人的研究更为周详。《水经注疏》吸取历代《水经

延伸阅读

杨守敬小故事

杨守敬幼时进私塾拜汪先生为师。有一回放学时突降暴雨，小溪上的石板桥被河水淹没了。放学的时候，杨守敬看见一位姑娘站在溪边望着疾流的水发愁，他二话没说，挽起裤腿，趟着水把素不相识的姑娘背过了小溪。

谁知这事却被一个同窗看见了，还将此事告诉了汪先生。汪先生认为杨守敬有伤风化，就把他叫到跟前，责问他是怎么回事。杨守敬不慌不忙，提起笔来写了一首诗：村女溪边泪水流，书生化作渡人舟，相逢何必曾相识，解人危难勿须求。胭脂坝头惊飞鸟，红蓼丛中起群鸥。轻轻放落芦苇岸，默默无言各自羞。

汪先生沉吟半晌后点点头，不再说什么，也不再追究了。

著名科学家和地质学家——李四光

李四光是世界著名的科学家和地质学家，他的最大贡献是创立了地质力学，并以力学的观点研究地壳运动现象，探索地质运动与矿产分布规律，从理论上推翻了中国贫油的结论，为我国的地质、石油勘探和建设事业作出了巨大贡献。

李四光（1889—1971），字仲拱，原名李仲揆，湖北省黄冈县人，我国卓越的科学家、地质力学的创立人。

李四光出生于黄冈县一个贫寒人家，幼年就读于其父李卓侯执教的私塾，14岁那年告别父母，独自一人来到武昌高等小学堂学习。

◆ 李四光半身铜像

1905年，李四光因学习成绩优异被选派到日本留学。他在日本接受了反满革命思想的影响，成为孙中山领导的同盟会中年龄最小的会员，以"驱逐鞑虏、恢复中华"为己任。孙中山赞赏李四光的志向："你年纪这样小就要革命，很好，有志气。"还送给他八个字："努力向学，蔚为国用。"李四光先去日本学造船，后又去英国学采矿，最后确定以地质学为终身事业，在地质力学方面作出了巨大的贡献。

摘掉"中国贫油"的帽子

解放初期，大规模的经济建设开始后就遇到石油短缺的困难，当时全国所需石油80%至90%都依靠进口。顶着"中国贫油论"的压力，李四光根据自己几十年来对地质力学的研究，分析了我国的地质条件，肯定地说："中国的陆地一定有石油。"1954年，在毛泽东、周恩来的支持下，他亲自组织队伍，在松辽平原和华北平原开展石油普查，经过几年的艰苦努力，相继发现了大庆油田、胜利油田、大港油田……在国家建设急需能源的时候，使滚滚石油冒了出来，中国终于摘掉了"贫油"的帽子。

◆ 李四光著《中国第四纪冰川》书影

第四纪冰川的发现

从19世纪以来，就不断有德国、美国、法国、瑞典等国的地质学家到中国来勘探矿产，考察地质。但是，他们都没有在中国发现过冰川现象。因此，在地质学界，"中国不存在第四纪冰川"已经成为一个定论。可是，李四光在研究蜓科化石期间，就在太行山东麓发现了一些很像冰川条痕石的石头。他继续在大同盆地进行考察，越来越相信自己的判断。于是，他在中国地质学会第三次全体会员大会上大胆地提出了中国存在第四纪冰川的看法。

为了让人们能接受这一事实，他继续寻找更多的冰川遗迹。1936年，李四光又到黄山考察，写了"安徽黄山之第四纪冰川现象"的论文，此文和几幅冰川现象的照片，引起了一些中外学者的注意，德国地质学教

授费斯曼到黄山看罢回来赞叹道："这是一个翻天覆地的发现。"李四光十多年的艰苦努力，第一次得到外国科学家的公开承认。

地震是可以预测的

李四光在地震地质领域建树极高。1966年邢台大地震后，李四光提出要注意河北河间、沧州；要注意渤海；要注意云南通海；要注意四川炉霍；要注意云南的彝良大关；要注意松潘；要注意唐山……这一路走来，都被李四光言中。

李四光坚持地震可以预报的理念，认为地震本身就是地壳在地应力作用下发生的现象，是可以预测的，到了晚年他仍积极地关注地震研究。

延伸阅读

勤于思考的李四光

李四光小时候喜欢和小伙伴们一起玩捉迷藏的游戏，每次他都爱藏在一块大石头后面。大石头把他的身子遮得严严实实，小伙伴怎么也找不到他。时间长了，他对这块大石头发生了兴趣：这么大的一块石头，是从哪儿来的呢？李四光跑去问老师、父亲，可是他们都说不清楚。这个问题让李四光想了许多年。直到他长大以后到英国学习了地质学，才明白冰川可以推动巨大的石头旅行几百里甚至上千里。

后来，李四光回到家乡，专门考察了这块大石头。他终于弄明白了，这块大石头是片麻岩，是从遥远的秦岭被冰川带到这里来的，因为那时候只有秦岭有片麻岩。经过进一步的考察，他发现在长江流域有大量第四纪冰川活动的遗迹。他的这一研究成果，震惊了全世界。

第三讲
水利工程技术

因势利导的防洪方略——大禹治水

在上古时代，由于生产力水平低下，人类在自然灾害的巨大威力面前束手无策。大禹治水开创了人类与大自然做斗争的先河，同时大禹还开创性地发明了因势利导的防洪方略，为开创我国第一个奴隶制国家——夏，奠定了坚实的基础。

大禹，又名文命，字高密。相传生于西羌（今甘肃、宁夏、内蒙南部一带），后随父迁徙于崇（今河南登封附近）。尧时被封为夏伯，故又称夏禹或伯，大禹是中国第一个王朝——夏朝的建立者，同时也是奴隶社会的创建者。

据古文记载，大约在4000余年前，黄河流域发生了一次特大的洪水灾害。当时正处于原始社会末期，生产力极端低下，生活非常困难。面对到处是茫茫一片的洪水，人们只得逃到山上去躲避。部落联盟首领尧，为了解除水患，召开了部落联盟会议，推举了鲧去完成这个任务。由于鲧用的是"堙""障"等堵塞围截的方法，治水九年，劳民伤财，不但没有把洪水治住，反而水灾越来越大。尧死后，大家推举舜当了部落联盟的首领。舜巡视治水情况，看到鲧对洪水束手无策，耽误了大事，就将鲧治罪，处死在羽山。

部落联盟又推举鲧的儿子禹。禹是个精明能干、大公无私的人。他接受治水任务时，刚刚和涂山氏的一个姑娘结婚，他毅然决然地告别妻子，来到治水的工地。

大禹请来了过去治水的长者和曾同他父亲鲧一道治过水害的人，总结过去失败的原因，寻找根治洪水的办法。有人认为："洪水泛滥是因为来势很猛，流不出

◆ 大禹像

中华文化公开课 科技文化九讲

◆ 《大禹三过家门》雕塑

去。"有人建议："看样子，水是往低处流的。只要我们弄清楚地势的高低，顺着水流的方向，开挖河道，把水引出去，就好办了。"这些使大禹受到很大启发，他经过实地考察，制定了切实可行的方案：一方面要加固和继续修筑堤坝；另一方面，禹改变了他父亲的做法，用开渠排水、疏通河道的办法，把洪水引到大海中去。

为了便于治水，大禹还把整个地域划分为九个大州，即冀、兖、青、徐、扬、荆、豫、梁、雍等州。从此，一场规模浩大的治水工程便展开了。

禹亲自率领20多万治水群众，浩浩荡荡地全面展开了疏导洪水的艰苦卓绝劳动。大禹除了指挥外，还亲自参加劳动，为群众做出了榜样。他手握木锸（形状近似于今天的铁锹），栉风沐雨，废寝忘食，夜以继日，不辞劳苦。由于辛勤工作，他手上长满

老茧，小腿上的汗毛被磨光了，长期泡在水中，脚指甲也脱落了。

在治理洪水中，大禹曾三次路过自己家门口。第一次路过家门口，他的妻子刚刚生下儿子没几天，恰好从家里传来婴儿哇哇的哭声，他怕延误治水，没有进去；第二次路过家门，抱在妻子怀里的儿子已经会叫爸爸了，但工程正是紧张的时候，他还是没有进去；第三次过家门，儿子已长到10多岁了，使劲把他往家里拉。大禹深情地抚摸着儿子的头，告诉他，治水工作还是很忙，又匆忙离开，没进家门。

在大禹领导下，广大民众经过十多年的艰苦劳动，终于疏通了九条大河，使洪水沿着新开的河道，服服贴贴地流入大海。他们又回过头来，继续疏通各地的支流沟洫，排除原野上的积水深潭，让它流入支流。从而制服了水灾，完成了流芳千古的伟大业绩。

第三讲 水利工程技术

最早的大型水库——芍陂

在春秋战国时期，粮食生产能力的高低直接决定着一个国家的命运，兴修水利、发展农业是每个国家的重要战略。芍陂就是在这样的历史条件下修建成功的，它是我国最早的人工蓄水灌溉工程，迄今仍在发挥着重要作用。

芍陂位于历史文化名城安徽寿县城南30千米处，是大别山的北麓余脉，东、南、西三面地势较高，北面地势低洼，向淮河倾斜。每逢夏秋雨季，山洪暴发，形成涝灾，雨少时又常常出现旱灾。当时这里是楚国的北疆农业区，粮食生产的好坏，对当地的军需民用关系极大。

芍陂是由孙叔敖修建的。孙叔敖（前630—前593），春秋时期杰出的政治家，楚国名相。他极为重视民生经济，制定、实施有关政策法令，尽力使农、工、贾各得其便。他在汉西利用沮水兴修水利，还在江陵境内修筑了大型平原水库"海子"。鼓励农民秋冬上山采矿，使青铜业大为发展。楚国出现了一个"家富人喜，优赡乐业，式序在朝，行无螟蜮，丰年蕃庶"的全盛时期。

孙叔敖自幼勤奋好学，尊敬长辈，孝敬母亲，很受邻里的喜爱。有一次，孙叔敖外出玩耍，忽然看到路上爬着一条双头蛇。他以前听老人们说过，谁要是看见两头蛇，谁就会死去。虽然心中极为惊慌，但为了避免让别人因看见双头蛇而死去，勇敢的孙叔敖还是捡起了路边的大石块，他打死了双头蛇，并埋了起来。

孙叔敖回到家里，想到自己马上就要死了，他心中很难过，伤心地扑在母亲怀里哭个不停。妈妈感到十分诧异，问道："孩子，你到底出了什么事啊，哭得这么伤心？"孙叔敖边哭边说："今天我在外面看到了一条双头蛇。听人说，凡是看见这种

◆ 芍陂古碑

◆ 孙叔敖塑像

蛇的人都会死，要是我死了，我就再也见不到您了……"

母亲边安慰他边问道："那条蛇现在在哪里呢？"孙叔敖边擦眼泪边回答说："我怕再有人看见它也会死去，就把它打死后，埋起来了。"听了孙叔敖的话，母亲很感动，她高兴地摸着孙叔敖的头说："好孩子，你做得对。你的心肠这么好，你一定不会死的。好人总是有好报的。"孙叔敖半信半疑地看着母亲，点了点头。

后来，孙叔敖长大成人，果然成了一位才思敏捷、道德高尚的君子。楚庄王十五年（前599）孙叔敖被拜为令尹。孙叔敖做了令尹之后，为楚国的水利建设作出了重要贡献。楚庄王十七年（前597）左右，孙叔敖主持兴办了我国最早的蓄水灌溉工程芍陂，它宛如一颗晶莹的明珠，镶嵌在钟灵毓秀的江淮大地上。

孙叔敖根据当地的地形特点，组织当地人民修建工程，将东面的积石山、东南面龙池山和西面六安龙穴山流下来的溪水汇集于低洼的芍陂之中。修建五个水门，以石质闸门控制水量，"水涨则开门以疏之，水消则闭门以蓄之"，不仅天旱有水灌田，又避免水多洪涝成灾。后来又在西南开了一道子午渠，上通淠河，扩大芍陂的灌溉水源，使芍陂达到"灌田万顷"的规模。

芍陂建成后，安丰一带每年都生产出大量的粮食，并很快成为楚国的经济要地。楚国更加强大起来，打败了当时实力雄厚的晋国军队，楚庄王也一跃成为"春秋五霸"之一。

芍陂经过历代的整治，一直发挥着巨大效益。1988年1月国务院确定安丰塘（芍陂）为全国重点文物保护单位。

延伸阅读

杰出的军事家孙叔敖

孙叔敖不仅是著名的政治家，还是杰出的军事家。他选择适合于楚国的条文，立为军法，对各军的行动、任务、纪律等都制定了明确规定，运用于训练和实战。庄王十六年（前598），楚军在诉地(今河南正阳一带)修筑城池，由于他用人得当，计划周密，物资准备充足，30天就完成了任务。次年，楚与晋大战于邲，他辅助楚庄王机智灵活地指挥了这场战斗，刚一出动战车，他即鼓动楚军勇猛冲击，一鼓作气，迅速逼近晋军，使其措手不及，仓惶溃散，逃归黄河以北。最终，陈、郑、鲁、宋等国放弃晋国，而与楚国结盟，中原霸主的地位便转向楚国，楚国成为春秋五霸之一。

水利史上的重要事件——引漳灌邺

战国时期，封建迷信思想严重，贪官污吏以祭神的借口搜刮民脂民膏的事情时有发生。西门豹治邺不仅是我国水利史上的一件大事，也为破除封建迷信思想作出了贡献。西门豹引漳灌邺后很快就使邺城民富兵强，成为战国时期魏国的东北重镇。

西门豹，生卒不详，战国时期魏国人，著名的政治家、军事家、水利家。魏文侯时期，西门豹任邺城县令。他初到邺城时，看到这里人烟稀少、田地荒芜，很是困惑，于是就到处打听出现这种状况的原因。原来都是"河伯娶媳妇"给闹的。

战国时期，邺城屡遭水患，女巫勾结郡丞造谣生事，说这是漳河的河神发怒了，要想平息水灾，就必须给河神献上钱财，还要献上童女给他做媳妇。这样过了一年多，大家都人心惶惶，不少人都拖儿带女搬家离开了这个地方。西门豹把一切情况都掌握得清清楚楚后正式上任了。

到了"河伯娶媳妇"那天，漳河两岸来了很多看热闹的人。靠近河边的一顶红色花轿里，坐着一个凤冠霞帔、泪流满面的小女孩。他的父母在旁边哭哭啼啼，伤心欲绝。打扮得妖里妖气的巫婆和她的几个女徒弟边忙活着边尖着嗓子对女孩和她的父母亲说："哭什么呀，给河神做媳妇是几辈子才遇上的好事情！"

西门豹与一大帮地方官员也来到了，他走到花轿前，掀起帘子，仔细端详新娘子许久，然后非常严肃地对巫婆和那些地方官员说道："漳河之神，那是何等的潇洒和帅气，这么丑陋的女子怎么可以配得上他呢？"然后转身对巫婆说道："麻烦大仙派人对河神说一声，过些日子给它挑个最漂亮的

◆ 西门豹治邺画像石。河南南阳汉画馆收藏。

◆ 西门豹治邺

过来，今天这个太差了！"说完，让士兵把巫婆的大徒弟抬起来，"扑通"一声，扔进滚滚的漳河水里。然后，他恭身站立，等候消息。

过了一个时辰，只见漳河的水盘旋流动，不见那大徒弟的影子。西门豹说："这大徒弟怎么还不回来？是不是被河神留在那里喝茶了，这不是误了大事吗？再派二徒弟去催催！"于是又命人抬起二徒弟，扑通一声也扔进了漳河。又过了一个时辰，二徒弟也没见回来。西门豹说道："唉，这二徒弟怎么也不回来呢？看来，只有麻烦大仙亲自走一遭了！"于是"扑通"一声，巫婆也被扔进了漳河。又过了一个时辰，巫婆也没见影子。西门豹威严地瞪着那些地方官说：

"你们谁愿意替下官走一趟啊？"那些官员吓得双腿直抖，连连求饶，个个都保证以后再也不敢做欺骗老百姓的事了。

西门豹接着就征发壮丁开挖了12条渠道，把黄河水引来灌溉农田，田地都得到灌溉。在那时，老百姓对开渠稍微感到有些厌烦劳累，有些不情愿。西门豹说："老百姓可以和他们共同为成功而快乐，不可以和他们一起考虑事情的开始。现在父老子弟虽然认为因我而受害受苦，但可以预期百年以后父老子孙会想起我今天说过的话。"直到现在邺县都能得到水的便利，老百姓因此而家给户足，生活富裕。

延伸阅读

聪明智慧的西门豹

西门豹治邺，清廉刻苦，不谋私利，可对魏文侯身边的近臣很简慢。君主左右的人就联合起来，说西门豹的坏话。任官一年后，西门豹去首都汇报工作时，魏文侯要收回西门豹的印信。西门豹说："我过去不知道如何治理邺，现在知道了，请大王在给我一次机会，如果再治不好，愿意接受死刑。"魏文侯听西门豹说的恳切，不忍心收回印信，就再给他一年时间。这次西门豹上任后就加紧搜刮百姓，讨好魏文侯左右的人。一年之后，西门豹再去汇报工作，魏文侯亲自出来迎接他，并向他致谢。西门豹说："往年我替君主治邺，君主要收回印信，今年我换了个方法治邺，君主向我致谢，我不能再治理下去了，请允许我辞职。"魏文侯听了这句话，幡然醒悟，说："过去我不了解你，现在了解了，请你继续替我治邺。"

中国古代水利史上的新纪元——都江堰

都江堰水利工程开创了中国古代水利史上的新纪元，它以不破坏自然资源，充分利用自然资源为人类服务为前提，变害为利，使人、地、水三者高度和谐统一，是全世界迄今为止仅存的一项最伟大的"生态工程"，标志着中国水利史进入一个新阶段。

都江堰是战国时期李冰及其子率众修建的一座大型水利工程，坐落在四川省成都市城西，位于成都平原西部的岷江上。

秦昭襄王五十一年（前256），秦国蜀郡太守李冰和他的儿子，吸取前人的治水经验，率领当地人民，开始主持修建都江堰水利工程。工程由鱼嘴分水堤、飞沙堰溢洪道、宝瓶口引水口三大主体工程和百丈堤、人字堤等附属工程构成。

开凿"宝瓶口"

李冰父子邀集了许多有治水经验的农民，对地形和水情作了实地勘察，决心凿穿玉垒山引水。但玉垒山山石坚硬，民工们用铁具凿、挖、撬，工程进度极其缓慢。后来，一个有经验的老民工建议，应当在岩石上开一些沟槽，然后放上柴草，点火燃烧，岩石在柴草的燃烧下就会爆裂，可以加快挖的速度。实践证明这个办法非常有效。

经过一段时间的努力，终于在玉垒山开凿了一个20米宽、40米高、80米长的口子，因形状很像瓶口，因此叫"宝瓶口"。奔流不息的岷江水通过宝瓶口源源不断地流向东部旱区，这样，东部的农田得到了灌溉。都江堰的第一大工程终于完成了。

修建"分水鱼嘴"

宝瓶口引水工程完成后，虽然起到了分流和灌溉的作用，但江东地势较高，江水难以流入宝瓶口。为了使岷江水能够顺利东流且保持一定的

◆ 今日都江堰

◆ 李冰父子塑像

修建"飞沙堰"

为了进一步控制流入宝瓶口的水量，防止灌溉区的水量忽大忽小，李冰又在鱼嘴分水堤的尾部，靠近宝瓶口的地方，修建了分洪用的平水槽和"飞沙堰"溢洪道，用来调节内江和外江的水量。当内江水位过高的时候，洪水就经由平水槽漫过飞沙堰流入外江，使得进入宝瓶口的水量不致太大，保障内江灌溉区免遭水灾；同时，由于漫过飞沙堰流入外江的水流产生了游涡，由于离心作用，泥砂甚至是巨石都会被抛过飞沙堰，还可以有效地减少泥沙在宝瓶口周围的沉积。

都江堰构思、设计、选址独具匠心，乘势利导，因时制宜，不与水为敌的治水方略自树一帜，它是自然生态、科学文化、人与自然紧密结合的伟大创举，使川西平原成为"水旱从人"的"天府之国"，两千多年来，一直发挥着防洪灌溉作用。

流量，并充分发挥宝瓶口的分洪和灌溉作用，李冰在开凿完宝瓶口以后，又决定在岷江中修筑分水堰，将江水分为两支：一支顺江而下，另一支被迫流入宝瓶口。但是江心修筑分水堰是一项很艰巨的工程，因为江心水高浪大，水流湍急，筑成的堰堤要很坚固，否则随时都会被洪水冲走。

李冰请来许多竹工，让他们编成长3丈、宽2尺的大竹笼，再往里面装满鹅卵石，然后让民工将沉重的大竹笼一个一个地沉入江底。大竹笼在湍流的水中安然不动，稳稳地固定在那里，周围再用大石头加固，就这样分水大堤终于建成。由于大堤前端的形状好像一条鱼的头部，所以被称为"鱼嘴"。鱼嘴的建成将上游奔流的江水一分为二：西边称为外江，东边称为内江，江水经大大小小的渠道，形成一个纵横交错的灌溉网。

延伸阅读

汶川大地震中的都江堰水利工程

2008年5月12日，四川省阿坝州汶川县发生了里氏8.0级强烈地震。地震造成伤亡惨重，不仅危及震区人们的生命和生活，也严重威胁着包括都江堰水利工程、四川大熊猫栖息地在内的世界遗产地及1000多处文物的安全。都江堰水利工程地处汶川大地震发生的中心地带，让人更加为这项伟大工程的安危忧心。庆幸的是，都江堰水利工程虽然距震中映秀镇仅20多千米，但却并没有因地震的来势汹汹而倒下，除了附属的建筑遭到一定程度的损毁外，其主体工程完好无损。这项利在千秋的工程经受住了大地震的考验，从而也更进一步提升了它在世人心目中的地位。

第三讲 水利工程技术

古代著名大型水利工程——郑国渠

郑国渠开引泾灌溉之先河，是中国古代最大的一条灌溉渠道，为当时关中地区的农业发展作出了重要贡献，使秦国从经济上完成了统一中国的准备。

战国时期，一些强大的诸侯国都想以自己为中心，统一全国。在秦、齐、楚、燕、赵、魏、韩七国中，秦国国力蒸蒸日上，虎视眈眈。韩国是秦的东邻，随时都有可能被秦并吞。

公元前246年，韩桓王在走投无路的情况下，采取了一个非常拙劣的所谓"疲秦"的策略。他以水利工程人员郑国为间谍，派其入秦，游说秦国在泾水和洛水（北洛水，渭水支流）间，穿凿一条大型灌溉渠道。表面上说是可以发展秦国农业，真实目的是要耗竭秦国实力。在韩国看来，这是危难之际疲乏秦国、救亡图存的好办法。在当时，各国没有常备军队，全民皆兵，而修建大型灌溉工程，秦国要动用所有青壮年劳力，耗费大量财力和精力，这必然要影响到秦国统一战争的进程。韩国想借此求得暂时的安宁。

郑国入秦之时，正是秦王嬴政刚刚登上王位的第一年，由于嬴政还未成年，秦国的军政大权实际掌握在以"仲父"地位辅政的丞相吕不韦手中。商人出身的政治家吕不韦敏锐地看到，在诸侯国之间日益激烈的兼并战争中，不仅仅是军队实力的博弈，更是国家经济实力特别是粮食供给能力的博弈，而兴修水利是提高粮食产量最为有效的途径。如果在关中修一条灌溉大渠，这岂不是为大秦再造一座"天下粮仓"！吕不韦见郑国精

◆ 郑国塑像

◆ 郑国渠渠首遗址。位于陕西省泾阳县内，全国重点文物保护单位，被誉为"中国古代水利博物馆"。

通水利，把修渠的事情说得头头是道，认定他修渠引水的方案切实可行，便很快批准了郑国修渠的建议。

公元前246年，关中平原的泾水至洛水之间，成为了当时中国最为热火朝天的建筑工地，修渠大军多达十万人，而郑国正是这项空前规模的水利工程建设的总指挥。郑国渠是以泾水为水源，灌溉渭水北面农田的水利工程。作为主持此项工程的筹划设计者，郑国在施工中表现出杰出的智慧和才能。他创造的"横绝"技术，使渠道跨过冶峪河、清河等大小河流，把常流量拦入渠中，增加了水源。他利用横向环流，巧妙地解决了粗沙入渠，堵塞渠道的问题，表明他拥有较高的河流水文知识。据现代测量，郑国渠平均坡降为0.64%，也反映出郑国具有很高的测量技术水平，他是中国古代卓越的水利科学家。

郑国渠于公元前236年前后建成，至公

元前221年秦始皇统一中国，在大约10年左右的关键时期，郑国渠灌溉的关中地区和都江堰灌溉的川西平原，南北呼应，共同构筑了秦国强大的经济长城。这条当初被韩国当作救命稻草的郑国渠，以疲秦之计始、以强秦之策终，恰恰成了帮助秦国扫平天下的标志性工程。

郑国渠建成15年后，秦灭六国，中华一统。嬴政感念郑国修渠有大功于秦国，下令将此渠命名为"郑国渠"，这是中国历史上第一个以人名命名的水利工程。

第三讲 水利工程技术

现存最完整的古代水利工程——灵渠

灵渠是与都江堰齐名的秦代水利工程，它不仅是桂林大旅游圈中的一块瑰宝，也是世界水利史上的一块丰碑。灵渠设计巧妙，工程宏伟，是现存世界上最完整的古代水利工程、最古老的运河之一，有着"世界古代水利建筑明珠"的美誉。

灵渠位于广西壮族自治区东北部兴安县境内，是现存世界上最完整的古代水利工程，与四川都江堰、陕西郑国渠齐名，并称为"秦朝三大水利工程"。

公元前211年，秦始皇对浙江、福建、广东、广西地区的百越发动了大规模的军事征服活动。秦军在战场上节节胜利，惟独在两广地区苦战3年，毫无建树，原来是因为广西的地形地貌导致运输补给供应不上。因此，为尽速征服岭南，秦始皇命令史禄开凿灵渠。

历经3年艰辛，这条体现我国古代劳动人民智慧和科学技术伟大成就的人工运河，终于凿成通航，奇迹般地把长江水系和珠江水系连接了起来。

灵渠全长37千米，又称湘桂运河或兴安陡河，于公元前208年凿成通航。灵渠工程主体包括铧堤、大小天平石堤、南渠、北渠、陡门和秦堤，完整精巧，设计巧妙，通三江、贯五岭，沟通南北水路运输，与长城南北呼应，同为世界奇观。

灵渠联接了长江和珠江两大水系，构成了遍布华东华南的水运网。自秦以来，对巩固国家的统一，加强南北政治、经济、文化的交流，密切各族人民的往来，都起到了积极作用。灵渠距今已2200多年了，依然发挥

◆ 灵渠。位于广西省兴安县境内。

频发。

针对上述弊病，魏荣试行了一种新的分水方案，即"派水"。他分别在南北二渠渠口上一丈许的地方，"铸铁柱十一根，分为十洞，南三北七"，则渠面"广狭有准矣"。铁柱上下"横贯铁梁，使铁柱相连为一"。同时对铧嘴挡水石墙加高加固，使流入分水塘内之水彼此顺流，不至于水势陡断，升降铁栅栏高低"令水下如建瓴，（水）则缓急疾徐亦可调矣"。魏荣的派水方案，使得分水塘内之水无论多少，都能让大家亲眼看见均匀地分配，方案实施之后，南北二渠再也没有发生过因争水而引起的纠纷了。

◆ 史禄塑像。秦代水利专家，灵渠工程总指挥。

着重要作用。

据史料记载，历史上灵渠是多事之渠，南渠和北渠沿岸农民为争用渠水而引发的大规模械斗之事曾不断发生。其中尤以宋元宝年间和明隆庆年间发生的两次械斗规模最大，双方共聚集数千人在渠边斗殴，人员伤亡巨大，地方官吏因制止不力而被撤职查办的不少。到了清乾隆年间，由于连年久旱，从海阳河流到灵渠的水日益减少，眼见水争又起，县令魏荣急忙筹谋解决。他先后到南北二渠沿途进行调查，发现古人修建南北二渠分水并不科学，且南北渠之间界限不分明，水量也不稳定。由此，他得出结论：由于分水不均，人们之间的争水事件才会一直

延伸阅读

灵渠 "飞来石"

相传，在灵渠快要竣工的时候，南渠的秦堤曾发生过两次神秘的崩溃，而两位修堤的工程师也因此相继被杀，传说他们是结拜三兄弟当中的大哥和二哥。后来，他们最小的兄弟李工匠查明原因，造成崩溃的罪魁祸首是江中的一条恶龙。于是他在神仙的帮助下，用巨石压服了恶龙。李工匠用的这块石头就是著名的"飞来石"。它是灵渠边唯一一块与地基相联接的石头，"飞来石"抵抗了大水带来的侧压力，保证了灵渠的畅通。

中国第一条地下水渠——龙首渠

龙首渠是中国历史上第一条地下水渠，是一引洛渠道，在开发洛河水利的历史上是首创工程。龙首渠的井渠法是中国古代劳动人民高度智慧的结晶，为世界水利事业提供了宝贵的经验。

大约在汉武帝元朔到元狩年间（前120—前111），有一个叫庄熊罴的人向皇帝上书，建议开渠引洛水灌田。他说临晋的百姓愿意开挖一引洛水的渠道以灌溉重泉以东的土地，如果渠道修成了，就可以使一万多顷的盐碱地得以灌溉，收到亩产十石的效益。武帝采纳了这一建议，征调了一万多人开渠。

引洛水灌溉临晋平原，就必须在临晋上游的征县境内开渠。可是在临晋与征县间却横亘着一座东西狭长的商颜山(今铁镰山)，渠道穿越商颜山，给施工带来了巨大的困难。

最初渠道穿山曾采用明挖的办法，但由于山高四十余丈，均为黄土覆盖，开挖深渠容易塌方，渠岸修一段，塌一段。渠道要穿越十余里的商颜山，如果只从两端相向开挖，施工面较少、洞内通风、照明也有困难。若在渠线中途多打几个竖井，这样既可增加施工工作面，又能加快施工进度，同时也改善了洞内通风和采光的条件。

于是，当时的工人便发明了"井渠法"。所谓"井渠法"，即在洞线的山坡上，每隔300米打一眼竖井，使龙

◆ 龙首坝。因建于龙首渠的渠首段而得名。

科技文化九讲

中华文化公开课

◆ 井渠法

首渠从地下穿过3.5千米宽的商颜山，开创了后代隧洞竖井施工法的先河。

龙首渠穿山隧洞是我国古代最著名的水工隧洞，"井渠法"无疑是隧洞施工方法的一个新创。同时，龙首渠的施工还表现了测量技术的高水平，它在两端不通视的情况下，准确地确定渠线方位和竖井位置，这也是难能可贵的。在龙首渠的施工过程中，人们挖掘出了恐龙的化石，于是这条渠道被人们称为"龙首渠"。

龙首渠的建成，使4万余公顷的盐碱地得到灌溉，并使其变成"亩产十石"的上等田，产量增加了10倍多。这段穿过商颜山的地下渠道长达5000多米，是中国历史上的第一条地下渠，在世界水利史上也是一个伟大的创造。

井渠法在当时就通过丝绸之路传到了西域，直到今天，新疆人民在沙漠地区仍然用这种井渠结合的办法修建灌溉渠道，叫作"坎儿井"。中亚和西南亚的干旱地带也用这种办法灌溉农田。西汉龙首渠的井渠法是中国古代劳动人民高度智慧的结晶，为世界水利事业提供了宝贵的经验。

至唐代，著名水利家姜师度在这一带重新兴建灌溉工程，姜师度不仅引洛，而且引黄河水灌溉，效益更加显著。此后引洛灌溉相沿不断，解放后洛惠渠进一步扩展，灌溉面积增长至60余万亩。

延伸阅读

龙首渠遗址

龙首渠兴修之后，没有延续下来。因时过境迁，留下的遗址据一些专家调查，主要有铁镰山人工渠槽，遗址位于今西安韩城铁路远志山村铁路线北侧。阳泉沟深挖方渠段，位于阳泉沟向上至洛惠渠4号隧洞下口。洛惠渠修5号隧洞时，采用了汉龙首渠创始的"井渠"施工法，即在洞线的山坡上，每隔300米打一眼竖井。1944年4月，兴建洛惠渠时，在5号洞隧洞13、16、18号工作井处，挖出松柏木板及人字支架等，经考证为西汉时龙首渠遗迹，在今大荔县城西北13.5千米义井村村北，为商颜山的山脊地带，总长4300米。

独特的沙漠灌溉方式——坎儿井之谜

坎儿井与万里长城、京杭大运河并称为中国古代三大工程，是中华文明的产物。它的发明对发展当地农业生产和满足居民生活需要起着巨大作用。

新疆的气候非常干旱，降水稀少，河流经常断流，可是为什么在这种极端不适合作物生长的环境下，会奇迹般长出绿油油的瓜果蔬菜和庄稼呢?这一切都源于坎儿井的滋润。

如今吐鲁番哈密盆地里的生活和生产用水，有的来自地表的防渗、防冲引水渠道，有的来自机井，还有的就是来自古老的坎儿井。这三种引水方式中，历史最悠久、与当地人民生活水乳相融、甚至成为了当地文化一部分的，就是坎儿井了。

坎儿井的结构，大体上是由竖井、地下渠道、地面渠道和"涝坝"（小型蓄水池）四部分组成。吐鲁番盆地北部的博格达山和西部的喀拉乌成山，春夏时节有大量融化的积雪和雨水流下山谷，潜入戈壁滩下。新疆人民利用山的坡度，巧妙地创造了坎儿井，引地下潜流灌溉农田。坎儿井不因炎热、狂风而使水分大量蒸发，因而流量稳定，保证了自流灌溉。

坎儿井地下水渠里的水是从地下含水层中引出来的地下水，当山上的白雪融化以后，清泉会向盆地汩汩地流下，由于这里的

山地大多为裸露的岩石，所以山上的融雪水很快聚流成河，向山下的盆地流去。然而好景不长，融雪水流到山下后又遇到了由粗砂和砾石组成的戈壁滩，水流迅速地渗入了地

◆ 坎儿井

◆ 空中俯瞰坎儿井

的限制。而人们在掏挖泉水的生产实践中，逐步发现坎儿井形式的地下渠道，不但可以防止风沙侵袭，而且可以减少蒸发损失，工程材料使用不多，操作技术也简易，容易为当地群众所掌握。因此，远在古代经济技术条件较差的情况下，各族劳动人民群众采用坎儿井方式开采利用地下水，就更加显得经济合理了。

根据1962年统计资料，我国新疆共有坎儿井约1700多条，总流量约为26立方米／秒，灌溉面积约50多万亩。其中大多数坎儿井分布在吐鲁番和哈密盆地，如吐鲁番盆地共有坎儿井约1100多条，总流量达18立方米／秒，灌溉面积47万亩，占该盆地总耕地面积70万亩的67%，对发展当地农业生产和满足居民生活需要等都有很重要的意义。

下，很多河流到了这里就消失了。消失了的融雪水全部汇入了地下潜水层。它们顺着缓缓倾斜的地下水渠自然流淌，一直流到地下水渠钻出地表的地方才"喷涌而出"。

新疆吐鲁番人民在漫长的历史年代中，在与严酷的自然环境作斗争、求生存的过程中之所以选择了坎儿井，不仅是因为它能够躲避日晒风吹对流水的侵蚀，更是因为它是在当时的条件下，唯一能够普遍施工的水利工程。吐鲁番盆地虽然埋藏着丰富的煤炭、石油等矿产能源，但气候恶劣、交通不便，这对开挖坎儿井的经济技术条件上有着很大

延伸阅读

坎儿井现状

近年来，吐鲁番地区绿洲外围生态系统严重破坏，荒漠化土地面积增加，水资源日渐短缺，地下水位不断下降，坎儿井水流量也逐年减少。随着不断的干涸，吐鲁番的坎儿井呈现了衰减的趋势，目前仅存725条左右。

一些河流上游修建水库，大坝截流后下游水源便捉襟见肘。已建的柯柯牙水库和坎儿其水库，就对其下游近百条坎儿井直接造成生存危机。此外，吐哈油田开发力度不断加大，油田用水量非常之大，加之打井极深，地下深水被大量抽走，坎儿井水源间接受到影响，而且面临着被污染的危险。

世界上最古老的石拱桥——赵州桥

赵州桥是世界上最古老、保存最完善的石拱桥，是我国古代建筑工程中最杰出的成就之一，处处都体现着中国古代工匠们的聪明才智，1961年被国务院列为第一批全国重点文物保护单位。

关于赵州桥，有一段美丽的传说。相传赵州桥是鲁班所造，大桥建成后，八仙之一的张果老倒骑着毛驴，带着柴荣，也兴冲冲地去赶热闹。他们来到桥头，正巧碰上鲁班，于是他们便问这座大桥是否经得起他俩走。鲁班心想：这座桥，骡马大车都能过，两个人算什么。于是就请他俩上桥。谁知，张果老带着装有太阳、月亮的褡裢，柴荣推着载有"五岳名山"的小车，所以他们上桥后，桥竟被压得摇晃起来。鲁班一见不好，

急忙跳进水中，用手使劲撑住大桥东侧。因为鲁班使劲太大，大桥东拱圈下便留下了他的手印，桥上也因此留下了驴蹄印、车道沟、柴荣跌倒时留下的一个膝印和张果老斗笠掉在桥上时打出的圆坑。

其实，赵州桥建于隋代，是安济桥的俗称，位于今河北省赵县城南五里的洨河上，由著名匠师李春设计和建造，距今已有1400年的历史。隋朝统一中国后，结束了长期以来南北分裂、兵戈相见的局面，社会经济得

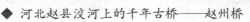
◆ 河北赵县洨河上的千年古桥——赵州桥

中华文化公开课

科技文化九讲

◆ 赵州桥石栏板

到了良好的发展。当时，赵县是南北交通的必经之路，北上可抵涿郡，南下可达京都洛阳，交通十分繁忙。可是这一交通要道却被城外的洨河所阻断，每当洪水季节甚至不能通行。因此，隋朝大业元年（595），政府决定在洨河上建设一座大型石桥，李春受命负责设计并管理大桥的施工。李春率领工匠对洨河及两岸地质等情况进行了实地考察，把桥台建筑在河床密实的粗沙层上，桥台由五层石料砌成。同时李春认真总结了前人的建桥经验，提出了独具匠心的设计方案，设计了单孔圆弧敞肩的大桥。经过精心细致的施工，李春出色地完成了建桥任务。

赵州桥横跨洨河南北两岸，是我国现存最早的大型石拱桥，也是世界上现存最古老、跨度最长的敞肩圆弧拱桥，被誉为"华北四宝之一"。大桥全长50.83米，宽9米，主孔净跨度为37.02米，是一座由28道相对独立的拱券组成的单孔弧形大桥。赵州桥最大的科学贡献就是它"敞肩拱"的创举，在大拱两肩，砌了四个并列小孔，既增大流水通道，减轻桥身重量，节

省石料，又增强了桥身稳定性。这就有力地保证了赵州桥在1400年的历史中，经受住了多次洪水冲击，8次大地震摇撼，以及车辆重压，仍挺立在洨河之上。

赵州桥桥体全部用石块建成，共用石块1000多块，每块石头重达1吨，桥上装有精美的石雕栏杆，雄伟壮丽、灵巧精美。它首创的敞肩拱结构形式、精美的建筑艺术和施工技巧，充分代表了我国古代劳动人民在桥梁建造方面的丰富经验和高度智慧。

延伸阅读

对赵州桥的保护

解放以后，赵州桥被列为全国重点文物保护单位，有关部门对这一古代大桥进行了彻底维修，以保持其辉煌的历史地位。赵州桥已成为中国人民聪明智慧的象征和进行爱国主义、历史主义教育的场所。但是，被称为"天下第一桥"的赵州桥，多年来一直被环绕周围的污水困扰，大大影响了旅游环境。1994年，石家庄市投资650万元，对赵州桥实施污水改造工程，在桥的上下游分别建坝，并开挖明渠引导污水绕桥而过。随着洨河水污染防治工程正式启动，穿桥而过的洨河恢复了昔日清水潺潺景象。

第三讲 水利工程技术

最古老的运河——京杭大运河

京杭大运河，是世界上里程最长、工程最大、最古老的运河之一，它凝聚了我国政治、经济、文化、社会诸多领域的庞大信息，显示了我国古代水利航运工程技术领先于世界的卓越成就。它和万里长城并称为我国古代的两项伟大工程，闻名于全世界。

京杭大运河的开凿始于春秋时期，形成于隋代，发展于唐宋，最终在元代成为沟通海河、黄河、淮河、长江、钱塘江五大水系、纵贯南北的水上交通要道。在2000多年的历史进程中，大运河为我国经济发展、国家统一、社会进步和文化繁荣作出了重要贡献，至今仍在发挥着巨大作用。

大运河北起北京(涿郡)，南到杭州（余杭），经北京、天津两市及河北、山东、江苏、浙江四省，全长约1794千米，开凿到现在已有2500多年的历史。京杭大运河的开凿与演变大致分为三期。

第一期运河

公元前494年，吴王夫差大破越国，一心要北进中原与齐国争霸。但长途跋涉最大的难题就是军粮和武器战备的运输问题，如果靠陆上运输，不仅花费巨大而且道路不畅通，很难达到目的。但吴国有一个优势就是舟师和先进的开河、造船、航运技术，利用江、淮间湖泊密布的自然条件，就地度量，局部开挖，把几个湖泊连接起来。公元前

486年，吴王夫差开始在扬州开凿邗沟，把长江和淮河两道水系连接了起来。到战国时代又先后开凿了大沟（从今河南省原阳县北引黄河南下，注入今郑州市以东的圃田泽)和鸿沟，从而把江、淮、河、济四水沟通起来。

第二期运河

第二期运河主要是指隋代的运河系统。以东部洛阳为中心，于大业元年(605)开凿通济渠，直接沟通黄河与淮河的交通，并改

◆ 隋运河图

◆ 扬州古运河

造邗沟和江南运河。三年又开凿永济渠，北通涿郡，连同584年开凿的广通渠，形成了多枝形运河系统。

关于隋炀帝开凿京淮段至长江以南的运河，还有一个有趣的故事：据说隋炀帝有一次夜间做梦，梦到一种非常漂亮的花，但是不知道这花叫什么名字，长在什么地方。醒来以后，隋炀帝就命人把他梦中的花画成图案，发布皇榜寻找认识这种花的人。当时在扬州见过琼花的王世充刚好在京城，看到这张黄榜，便揭榜进宫，对隋炀帝说，图上所画的花叫做琼花，长在扬州。隋炀帝听后，很想见一见，便开运河、造龙舟，与皇后和嫔妃下扬州看琼花。隋炀帝在扬州城内开凿的运河，使扬州成为南北交通枢纽，借漕运之利，富甲江南，是中国最繁荣的地区之一。

第三期运河

第三期运河主要是指元、明、清阶段。

元代开凿的重点段是山东境内泗水至卫河段和大都至通州段，目的是避免绕道洛阳，裁弯取直，比隋朝运河缩短了900多千米的航程，这是今天京杭运河的前身。明、清两代维持元运河的基础，明时重新疏浚元末已淤废的山东境内河段，从明中叶到清前期，在山东微山湖的夏镇（今微山县）至清江浦（今淮阴）间，进行了黄运分离的开泇口运河、通济新河、中河等运河工程，并在江淮之间开挖月河，进行了湖漕分离的工程。

京杭大运河是我国古代劳动人民创造的一项伟大工程，是活着的、流动的重要人类遗产，对中国南北地区之间的经济、文化发展与交流，特别是对沿线地区工农业经济的发展和城镇的兴起起了巨大作用。

知识小百科

京杭大运河博物馆

京杭大运河博物馆是一座以运河文化为主题的大型专题博物馆，坐落于杭州市城北运河文化广场，毗邻大运河南端终点标志——拱宸桥。运河博物馆旨在全方位、多角度地收藏、保护、研究运河文化资料，反映和展现大运河自然风貌与历史文化。博物馆于2002年开始筹建，2006年9月建成开放。

京杭大运河博物馆是目前国内第一家以运河文化为主题的大型专题博物馆，国家文物局认为它的建成填补了博物馆界的一大空白。京杭大运河博物馆的建成开放，使得古老的京杭大运河畔又多了一道亮丽的风景。

水电建设史上的里程碑——葛洲坝

葛洲坝水利枢纽工程是我国长江上建设的第一个大坝，是长江三峡水利枢纽的重要组成部分。它的设计水平和施工技术，体现了我国当前水电建设的最新成就，是我国水电建设史上的里程碑。

葛洲坝水利枢纽工程位于湖北省宜昌市三峡出口南津关下游约1.5千米处，是三峡水利枢纽工程完工前我国最大的一座水电工程。该工程1974年动工，1988年完成。

长江出三峡峡谷后，水流由东急转向南，江面由390米突然扩宽到坝址处的2200米。由于泥沙沉积，在河面上形成葛洲坝、西坝两岛，把长江分为大江、二江和三江。大江为长江的主河道，二江和三江在枯水季节断流。葛洲坝水利枢纽工程横跨大江、葛洲坝、二江、西坝和三江。

葛洲坝工程主要由电站、船闸、泄水闸、冲沙闸等组成。大坝全长2595米，坝顶高70米，宽30米。控制流域面积100万平方千米，总库容量15.8万立方米。电站装机21台，年均发电量141亿度。建船闸3座，可通过万吨级大型船队。27孔泄水闸和15孔冲沙闸全部开启后的最大泄洪量，为每秒11万立方米。

葛洲坝水利工程的船闸为单级船闸，一、二号两座船闸闸室有效长度为280米，净宽34米，一次可通过载重为1.2万至1.6万吨的船队。每次过闸时间约50至57分钟，其中充水或泄水约8至12分钟。三号船闸闸室的有效长度为120米，净宽为18米，可通过

◆ 葛洲坝水电站

中华文化公开课

科技文化九讲

长江客货运量。

葛洲坝水利枢纽工程施工条件差、范围大，仅土石开挖回填就达7亿立方米，混凝土浇注1亿立方米，金属结构安装7.7万吨。它的建成不仅发挥了巨大的经济和社会效益，同时提高了我国水电建设方面的科学技术水平，培养了一支高水平的进行水电建设的设计、施工和科研队伍，为我国的水电建设积累了宝贵的经验。这项工程的完成，再一次向全世界显示了中国人民的聪明才智和巨大力量。

◆ 烟波浩渺的万里长江

3000吨以下的客货轮。每次过闸时间约40分钟，其中充水或泄水约5至8分钟。上、下闸首工作门均采用人字门，其中一、二号船闸下闸首人字门每扇宽9.7米、高34米、厚27米，质量约600吨。为解决过船与坝顶过车的矛盾，在二号和三号船闸桥墩段建有铁路、公路、活动提升桥，大江船闸下闸首建有公路桥。

葛洲坝水利枢纽工程年发电量达157亿千瓦时，相当于每年节约原煤1020万吨，对改变华中地区能源结构，减轻煤炭、石油供应压力，提高华中、华东电网安全运行保证度都起了重要作用。葛洲坝水库回水110至180公里，由于提高了水位，淹没了三峡中的21处急流滩点、9处险滩，因而取消了单行航道和绞滩站各9处，大大改善了航道，使巴东以下各种船只能够通行无阻，增加了

延伸阅读

美丽的葛洲坝

万里长江映彩霞，高山峡谷千秋坝。站在西陵峡口，眺望葛洲坝这座世界级水利枢纽工程，只见它犹如一颗璀璨的明珠镶嵌在风光秀丽的三峡峡口，自然风光和人工奇观交相辉映，相得益彰，为美丽的三峡添上了浓墨重彩的一笔。

长江三峡段，坡度陡，落差大，峡长谷深，不但水利资源丰富，又有优良的坝址，是建设大型水利枢纽工程的理想地点。毛泽东曾为此写下了"高峡出平湖"的壮丽诗篇，这不是领袖的一时兴起，而是他用诗的语言为人们描绘出未来三峡的宏伟蓝图。

第三讲 水利工程技术

世界上最大的水利枢纽——三峡工程

三峡工程是目前世界上综合效益最大的水利枢纽，在收获巨大的防洪作用和航运效益外，其1820万千瓦的装机容量和847亿千瓦时的年发电量均居世界第一。

三峡水利工程位于西陵峡中段的湖北省宜昌市境内的三斗坪，距下游葛洲坝水利枢纽工程38千米。三峡大坝工程包括一座混凝重力式大坝、泄水闸、一座堤后式水电站、一座永久性通航船闸和一架升船机。大坝坝顶总长3035米，坝高185米，水电站左岸设14台，右岸12台，共装机26台，前排容量为70万千瓦的水轮发电机组，总装机容量为1820万千瓦时，年发电量847亿千瓦时。

工程施工总工期自1993年到2009年共17年，分三期进行，到2009年工程全部完工。

◆ 长江三峡

一期工程（1992—1997）主要进行一期围堰填筑，导流明渠开挖。修筑混凝土纵向围堰，以及修建左岸临时船闸，并开始修建左岸永久船闸、升爬机及左岸部分石坝段的施工。二期工程（1998—2003）主要任务是修筑二期围堰，左岸大坝的电站设施建设及机组安装，同时继续进行并完成永久特级船闸、升船机的施工。三期工程（2003—2009）进行右岸大坝和电站的施工，并继续完成全部机组安装。完工后，三峡水库是一座长达600千米，最宽处达2000米，面积达10000平方千米，水面平静的峡谷型水库。

世界上效益最大的水利枢纽

三峡工程防洪效益大。三峡水库运行时预留的防洪库容为221.5亿立方米，水库调洪可削减洪峰流量达27000—33000立方米/秒，属世界水利工程之最。

三峡工程水电站大。三峡水电站将安装26台单机容量为70万千瓦的水轮发电机组，总装机容量1820万千瓦，年平均发电最846.8亿度，是世界上最大的水电站。

三峡工程航运效益显著。三峡水库回水

◆ 巫峡

启闭机139台，引水压力钢管26条，总工程量26.65万吨，其综合工程量为世界已建和在建工程之首。

三峡工程浓缩了中华民族艰辛与奋斗的历史，是中华民族走向复兴的历史见证，将为我国人民带来无可估量的福祉与实惠。

至西南重镇重庆市，它将改善航运里程660公里，使重庆至宜昌航道通行的船队吨位由现在的3000吨级提高至万吨级，年单向通航能力由1000万吨提高到5000万吨，称三峡工程为世界上改善航运条件最显著的第一枢纽工程当之无愧。

世界上工程规模最大的水利工程

三峡工程综合工程规模大。三峡水利枢纽主体建筑物施工总工程量包括：建筑物基础土石方开挖10283万立方米，混凝土基础2794万立方米，金属结构安装25.65万吨，水电站机电设备安装26台套。这些指标均属世界第一。

三峡工程单项建筑物大。三峡水利枢纽大坝为混凝土重力式，挡水前沿总长2345米，最大坝高181米，坝体总混凝土量为1486万立方米，大坝总方量居世界第一。

三峡工程金属结构居世界第一。三峡工程金属结构总量包括各类闸门386扇，各种

第三讲　水利工程技术

第四讲
建筑设计技术

古代祠庙建筑的典范——曲阜孔庙

孔庙是中国现存规模仅次于故宫的古建筑群，堪称中国古代大型祠庙建筑的典范。孔庙是中国渊源最古、历史最长的一组建筑物，也是海内外数千座孔庙的先河与范本，和相邻的孔府、城北的孔林合称"三孔"。2006年5月25日，孔庙被国务院批准列入第六批全国重点文物保护单位名录。

孔庙位于山东省曲阜市南门内，是第一座祭祀孔子的庙宇，初建于公元前478年，以孔子的故居为庙，以皇宫的规格而建，是我国三大古建筑群之一，在世界建筑史上占有重要地位。

孔子是我国古代伟大的思想家和教育家，儒家学派创始人。在我国历史上，流传着很多孔子的故事。孔子不仅是一位伟大的教育家，还是一位音乐家，他既会唱歌，又会弹琴作曲。他在与人一同唱歌时，如果人家唱得好，他一定请人家再唱一遍，自己洗耳恭听，然后再和一遍。孔子曾跟师襄学琴，有一天师襄交给他一首曲子，让他自己练习，他足足练了十来天，仍然没有停下来的意思，师襄忍不住了，说："你可以换个曲子练练了。"孔子答道："我虽然已熟悉它的曲调，但还没有摸到它的规律。"过了一段时间，师襄又说："你已摸到它的规律了，可以换个曲子练了。"不料孔子回答："我还没有领悟到它的音乐形象哩。"如此又过了一段时间，师襄发现孔子神情庄重，

四体通泰，好似变了个样子。这次不待师襄发问，孔了就先说道："我已经体会到音乐形象了，黑黝黝的，个儿高高的，目光深远，似有王者气概，此人非文王莫属也。"师襄听罢，大吃一惊，因为此曲正好名叫《文王操》。

孔庙就是为了纪念孔子而建的，孔庙建成后，经过历代帝王的不断加封和扩建，到清代雍正帝时扩建成目前的规模。庙内共有九进院落，以南北为中轴，分左、中、右

◆ 孔子像

科技文化九讲

中华文化公开课

◆ 孔庙大成殿

三路，纵长630米，横宽140米，有殿、堂、坛、阁460多间，门坊54座，"御碑亭"13座，拥有各种建筑100余座，460余间，占地面积约9.5万平方米。孔庙内的圣迹殿、十三碑亭及大成殿东西两庑，陈列着大量碑碣石刻，特别是这里保存的汉碑，在全国是数量最多的，历代碑刻亦不乏珍品，其碑刻之多仅次西安碑林，所以它有我国第二碑林之称。

孔庙的总体设计是非常成功的。前为神道，两侧栽植桧柏，创造出庄严肃穆的气氛，培养谒庙者崇敬的情绪；庙的主体贯串在一条中轴线上，左右对称，布局严谨。前后九进院落，前三进是引导性庭院，只有一些尺度较小的门坊，院内遍植成行的松柏，浓荫蔽日，创造出使人清心涤念的环境，而高耸挺拔的苍桧古柏间辟出一条幽深的甬道，既使人感到孔庙历史的悠久，又烘托了孔子思想的深奥。座座门坊高揭的额匾，极力赞颂孔子的功绩，给人以强烈的印象，敬仰之情不觉油然而生。第四进以后庭院，建筑雄伟，黄瓦、红墙、绿树，交相辉映，既喻示出孔子思想的博大高深，也喻示了孔子的丰功伟绩，而供奉儒家贤达的东西两面，分别长166米，又喻示了儒家思想的源远流长。

两千多年来，曲阜孔庙旋毁旋修，从未废弃，在国家的保护下，由孔子的一座私人住宅发展成为规模形制与帝王宫殿相埒的庞大建筑群，是人类建筑史上的伟大壮举。曲阜孔庙以其规模之宏大、气魄之雄伟、年代之久远、保存之完整，被我国著名的建筑学家梁思成称为世界建筑史上的"孤例"。

延伸阅读

曲阜孔庙中的碑刻

曲阜孔庙保存了汉代以来历代碑刻1044块，有封建皇帝追谥、加封、祭祀孔子和修建孔庙的记录，也有帝王将相、文人学士谒庙的诗文题记，文字有汉文、蒙文、八思巴文、满文，书体有真草隶篆，是研究封建社会政治、经济、文化、艺术的珍贵史料。碑刻中有汉碑和汉代刻字20余块，是中国保存汉代碑刻最多的地方。乙瑛碑、礼器碑、孔宙碑、史晨碑是汉隶的代表作，张猛龙碑、贾使君碑是魏体的楷模。此外还有孙师范、米芾、党怀英、赵孟頫、张起岩、李东阳、董其昌、翁方纲等人的法书，元好问、郭子敬等人的题名，孔继涑584石的大型书法丛帖《玉虹楼法帖》等。孔庙碑刻是中国古代书法艺术的宝库。

中国的象征——长城

长城是我国古代劳动人民创造的伟大奇迹，是中国悠久历史的见证。它与北京天安门、秦陵兵马俑一起被视为中国的象征，是中华民族的宝贵遗产。1987年长城作为人类历史的奇迹被列入世界遗产名录。

春秋战国时期，各诸侯国为了防御别国入侵，修筑烽火台，用城墙连接起来，形成了最早的长城。后来，历代君王大都对长城进行过加固和增修。长城东起辽宁山海关，西至甘肃嘉峪关，遗址分布在今天的北京、甘肃、宁夏、陕西、山西、内蒙古、河北、新疆、天津、辽宁、黑龙江、河南、湖北、湖南和山东等10多个省、市、自治区。

孟姜女哭长城

孟姜女的故事最早见于《左传》。孟姜为齐将杞梁之妻，公元前549年杞梁在莒战死，齐庄公在郊外见孟姜对她表示吊慰。孟姜认为郊野不是吊丧之处就拒绝接受，齐庄公于是专门到孟姜家里进行了吊唁。西汉刘向《列女传》里记载孟姜"乃枕其夫之尸于城下而哭之……十日而城为之崩"。可见，孟姜哭崩的城墙是齐长城，而不是秦长城。大约到了唐代，这一题材演变成了孟姜女千里寻夫、哭崩万里长城的故事。

长城的防御体系

无论是秦皇汉武，还是明代帝王，修筑长城既是积极防御，又是积蓄力量、继续进取。长城作为防御工程，主要由关隘、城

◆ 蜿蜒于群山中的长城

◆ 八达岭长城

墙、烽火台组成。

关隘是长城沿线的重要驻兵据点。关隘多选择在出入长城的咽喉要道上，整个构造由关口的城墙、城门、城门楼、瓮城组成，有的还有罗城和护城河。关隘的城墙是长城的主要工程，内外檐墙多用巨砖、条石等包砌，内填黄土、碎石，高度在10米左右，顶宽4—5米。城墙外檐上筑有供瞭望和射击的垛口，内檐墙上筑有防止人马从墙顶跌落的宇墙。城门上方均筑有城门楼，是战斗的观察所和指挥所，也是战斗据点。

城墙是联系雄关、隘口的纽带。城墙高约7—8米，山冈陡峭的地方城墙比较低。墙身是防御敌人的主体，墙基平均宽约6.5米，顶部宽5.8米。墙结构主要有版筑夯土墙、土坯垒砌墙、砖砌墙、砖石混合砌墙、石块垒砌墙和木板墙等。在城顶外侧的迎敌方向，修有一些高约2米的齿形垛口，上部有小口用来瞭望敌人，下部有小洞用来射击敌人。

烽火台是利用烽火、烟气以传递军情的

建筑。烽火台通常设置在长城内外最易瞭望到的山顶上，一般是土筑或用石砌成一个独立的高台，台子上有守望房屋和燃烟放火的设备，如遇有敌情，白天燃烟或悬旗、敲梆、放炮，夜间燃火或点灯笼。

在长城防御工程系统中，还有一些与长城相联系的城、堡、障、堠等建筑物。这些建筑物大都建筑在长城内外，供兵卒居住和防守用。

长城的意义

巍然屹立的长城，显示中华民族悠久的历史，反映中国古代建筑工程技术的伟大成就，表现中国古代各族劳动人民的坚强毅力与聪明才智，体现中国自古以来形成的积极防御的战略思想，是中国古代文化的象征。山海关、八达岭和嘉峪关3处长城区段在1961年被定为全国重点文物保护单位，已被联合国教科文组织列为世界文化遗产。

延伸阅读

现存的长城遗址

现存的长城遗址有八达岭长城、慕田峪长城、司马台长城、金山岭长城、山海关长城、嘉峪关长城、虎山长城、九门口长城、大同长城等。八达岭长城是明长城中保存最完好、最具代表性的一段。这里是重要关口居庸关的前哨，海拔高1015米，地势险要，历来是兵家必争之地，是明代重要的军事关隘和首都北京的重要屏障。登上这里的长城，可以居高临下，尽览崇山峻岭的壮丽景色。迄今为止，已有包括尼克松、撒切尔夫人在内的300多位知名人士到此游览。

第四讲

建筑设计技术

天下绝景——黄鹤楼

黄鹤楼是"江南三大名楼"之一，是古典与现代熔铸、诗化与美意构筑的精品，享有"天下绝景"的美称。它处在山川灵气动荡吐纳的交点，正好迎合了中华民族喜好登高的民风民俗、亲近自然的空间意识和崇尚宇宙的哲学观念。

黄鹤楼位于湖北省武汉市，始建于三国时期吴黄武二年（223），传说是为了军事目的而建，至唐朝逐渐演变为著名的名胜景点。黄鹤楼濒临万里长江，雄踞蛇山之巅，挺拔独秀，辉煌瑰丽，很自然就成了名传四海的游览胜地。登黄鹤楼，不仅能获得精神上的愉悦，更能使心灵与宇宙意象互渗互融，从而使心灵净化。这大约就是黄鹤楼的

◆ 黄鹤楼

魅力经风雨而不衰、与日月共长存的原因之所在。

黄鹤楼名称由来

传说，从前有一位辛先生，平日以卖酒为业。有一天，店里来了一位衣衫褴褛，看起来很贫穷的客人。他神色从容地问辛先生："店家，可以给我一杯酒喝吗？"辛先生没有怠慢他，连忙盛了一大杯酒奉上。如此过了半年，辛先生每天都请这位客人喝酒。

有一天，这位客人告诉辛先生说："我欠了你很多酒钱，没有办法还你，今日我就替先生把酒钱挣回来。"那客人从篮子里拿出一块橘子皮，画了一只黄色的鹤在墙上，边用手打节拍边唱歌，墙上的黄鹤也随着歌声、合着节拍，蹁跹起舞。酒店里的其他客人看到这种妙事都付钱观赏。如此又过了十年，辛先生也因而累积了很多财富。

十年之后，那位衣着褴褛的客人，又飘然来到了酒店。辛先生连忙上前致谢，客人微微一笑，并不答话。接着便取出笛子吹了几首曲子，没多久，只见一朵朵白云从天而

科技文化九讲

中华文化公开课

◆ 武汉长江大桥

降，黄鹤也随着白云飞到了客人面前。客人跨上鹤背，黄鹤展翅腾空而去，慢慢就不见了身影。辛先生为了感谢及纪念这位客人，用十年来赚下的银两在黄鹄矶上修建了一座楼阁，这就是黄鹤楼。

黄鹤楼建筑特色

黄鹤楼共五层，高50.4米，攒尖顶，层层飞檐，整个建筑具有独特的民族风格。主楼周围还建有胜象宝塔、碑廊、山门等建筑。黄鹤楼内部，层层风格各不相同。底层为高大宽敞的大厅，正中藻井高达10多米，正面壁上是一幅表现"白云黄鹤"为主题的巨大陶瓷壁画。四周空间陈列历代有关黄鹤楼的重要文献、著名诗词的影印本，以及历代黄鹤楼绘画的复制品。二至五层的大厅都有不同的主题，在布局、装饰、陈列上各具特色。二楼大厅正面墙上，有用大理石镌刻的唐代阎伯理撰写的《黄鹤楼记》。三楼大厅的壁画为唐宋名人的"绣像画"，如崔颢、李白、白居易等，也摘录了他们吟咏黄鹤楼的名句。四楼大厅用屏风分割成几个小厅，内置当代名人字画，供游客欣赏、选购。顶层大厅有《长江万里图》等长卷壁画。

重建黄鹤楼

1957年建武汉长江大桥武昌引桥时，占用了黄鹤楼旧址，如今重建的黄鹤楼在距旧址约1千米左右的蛇山峰岭上。1981年10月，黄鹤楼重修工程破土开工，1985年6月落成，主楼以清同治楼为蓝本，但更高大雄伟。运用现代建筑技术施工，钢筋混凝土框架仿木结构。飞檐5层，攒尖楼顶，金色琉璃瓦屋面，通高51.4米，底层边宽30米，顶层边宽18米，全楼各层布置有大型壁画、楹联、文物等。楼外铸铜黄鹤造型、胜像宝塔、牌坊、轩廊、亭阁等一批辅助建筑，将主楼烘托得更加壮丽。登楼远眺，"极目楚天舒"，不尽长江滚滚来，三镇风光尽收眼底。

知识小百科

江南三大名楼

"江南三大名楼"是指黄鹤楼、滕王阁和岳阳楼。滕王阁坐落在江西省南昌市赣江之滨，它是一座大型的仿宋建筑，也是江南三大名楼中最高的楼阁。在滕王阁的门柱上，还有毛泽东亲笔手书的《滕王阁序》中的佳句"落霞与孤鹜齐飞，秋水共长天一色"。岳阳楼位于湖南省岳阳市洞庭湖西岸，它是三国时期东吴将领鲁肃为了对抗驻守荆州的蜀国大将关羽所修建的阅兵台，这是最早的岳阳楼的原型，它是江南三大名楼修建年代最早的楼阁，也是江南三大名楼中惟一的一个木质结构的建筑。

海拔最高的宫殿式建筑群——布达拉宫

布达拉宫是藏式建筑的杰出代表，也是中华民族古建筑的精华之作。它是拉萨城的标志，是藏族人民巨大创造力的象征，是西藏建筑艺术的珍贵财富，也是独一无二的雪域高原上的人类文化遗产。

布达拉宫坐落在中国西藏自治区拉萨市中心的红山上，同山体融合在一起，高高耸立，壮观巍峨。宫墙红白相间，宫顶金碧辉煌，具有强烈的艺术感染力，是西藏人民巨大创造力的象征，是西藏建筑艺术的珍贵财富。

布达拉宫的兴建

公元7世纪，吐蕃国王松赞干布勤政爱民，王朝日益强大。为了与中原的唐朝建立友好关系，引进中原先进技术和文化，松赞干布决定向唐朝求婚。唐太宗答应了松赞干布的求婚，将文成公主许配给他。松赞干布就在红山上建九层楼宫殿一千间，取名布达拉宫迎娶文成公主。9世纪时，布达拉宫因吐蕃内乱遭到破坏，仅存法王洞。洞内供着据传为松赞干布生前所造的他自己和文成公主等人并列的塑像。

1642年，五世达赖喇嘛建立了噶丹颇章政权。1645年，五世达赖开始重建布达拉宫，三年后竣工，是为白宫。1653年，五世达赖入住宫中。从这时起，历代达赖喇嘛都居住在这里，重大的宗教和政治仪式也都在这里举行，布达拉宫由此成为西藏政教合一的统治中心。五世达赖去世后，为安放灵塔，1690年继续扩建宫殿，1693年竣工，形成红宫。

布达拉宫建筑群

布达拉宫依山垒砌，群楼重迭，自山脚向上，直至山顶，主要建筑由白宫和红宫组成，是当今世界上海拔最高、规模最大的宫

◆ 布达拉宫

◆ 红宫内十三世达赖灵塔

殿式建筑群。

白宫位于布达拉宫东部，外墙为白色，共有七层，最顶层是达赖的寝宫日光殿。日光殿分东西两部分，分别是十三世和十四世达赖的寝宫，也是他们处理政务的地方。殿内包括朝拜堂、经堂、习经室和卧室等，陈设均十分豪华。

红宫位于布达拉宫的中央位置，外墙为红色。围绕着历代达赖的灵塔殿建造了许多经堂、佛殿，从而与白宫连为一体。红宫最主要的建筑是历代达赖喇嘛的灵塔殿，共有五座，分别是五世、七世、八世、九世和十三世。红宫中还有一些很重要宫殿，三界兴盛殿是红宫最高的殿堂，藏有大量经书和清朝皇帝的画像；坛城殿有三个巨大的铜制坛城，供奉密宗三佛；持明殿主供密宗宁玛派祖师莲花生及其化身像；世系殿供金质的释迦牟尼十二岁像和银质五世达赖像，十世达赖的灵塔也在此殿。

布达拉宫建筑艺术

布达拉宫的壁画、唐卡（卷轴画）和其它装饰彩绘，是其建筑艺术的一颗灿烂明珠。布达拉宫的大小殿堂、门厅、回廊等墙面无不绘有壁画，取材涉及历史人物、宗教神话、佛经故事等，还有民俗、体育、建筑等方面，有的以单幅表现，有的以横卷形式将画面相连缀。

布达拉宫的雕塑非常精美，宫内集中了大量珍品，有泥塑重彩、木雕、石刻，金、银、铜、铁等金属塑像数量最多，大的达十余米，小的仅几厘米。宫内还保存着大量具有浓厚宗教色彩和藏族艺术风格的工艺品，如藏毯、卡垫、经幡、华盖和幔帐等刺绣贴缎织物。

布达拉宫是中国首批被列为国家重点文物保护单位，也是世界十大土木建筑之一。它集西藏宗教、政治、历史和艺术诸方面于一身，是"西藏历史的博物馆"。

延伸阅读

布达拉宫的收藏

布达拉宫内收藏了大量文物珍宝，有各式佛教卷轴画近万幅，金质、银质、玉石、木雕、泥塑的各类佛像数以万计。此外还有明清皇帝的敕书、印玺，各界赠送的印鉴、礼品、匾额和经卷，宫中自用的典籍、法器和供器等。其中如金汁书写的《甘珠尔》《丹珠尔》、贝叶经《时轮注疏》、释迦牟尼指骨舍利、清朝皇帝御赐的金册金印等都堪称稀世珍宝，价值连城。

在丰富的藏品中，最重要的是安放历代达赖喇嘛遗体的灵塔。其中五世达赖的灵塔高达14.85米，当时为建造它，共花费白银104万两，并用了11万两黄金和15000多颗珍珠、玛瑙、宝石等。十三世达赖的灵塔也高达14米，使用了1.9万两黄金。

古城西安的象征——大雁塔

大雁塔是中国唐朝佛教建筑艺术杰作，它是西安市的标志性建筑和著名古迹，是古城西安的象征，西安市徽中央所绘制的便是这座著名古塔。1961年，大雁塔被国务院颁布为第一批全国重点文物保护单位。

大雁塔又名大慈恩寺塔，位于陕西省西安市南郊大慈恩寺内。大雁塔始建于652年（唐高宗永徽三年）。当时，玄奘法师为了供奉从印度带回的佛像、舍利和梵文经典，在慈恩寺的西塔院建起一座五层砖塔。在武则天长安年间重建，后来又经过多次修整。大雁塔在唐代就是著名的游览胜地，因而留有大量文人雅士的题记，仅明、清朝时期的题名碑就有200余通。

大雁塔名称由来

在古印度，摩揭陀国有一座寺院，当时大乘佛教派和小乘佛教派并立，都非常有势力，并不像现在的大乘佛教一统天下。小乘佛教是可以吃肉，不忌腥荤的。有一天，是菩萨的布施日，和尚们到了中午还没有饭吃，有一个小和尚就感慨地说：如果菩萨显灵的话，他应该知道这个时候应该给我们施舍一点肉了。他话音刚落，此时天上飞过来一群大雁，领头的头雁就坠地而亡了。和尚们马上醒悟过来：这是菩萨显灵在点悟我们。于是，他们就在大雁落下的地方将大雁

埋葬了，并修起了一座塔，取名叫雁塔，而且从此改信大乘佛教，不食荤腥了。玄奘去西天取经的时候，亲自瞻仰了这个圣迹，知道这个地方叫雁塔，回来之后，就把自己在大慈恩寺存放经卷和舍利的地方也取名叫雁塔。50年之后，武则天为她的丈夫李治祈福，也修了一个塔，这个塔小一点，所以叫小雁塔，而大慈恩寺塔就叫大雁塔。

◆ 大雁塔，古都西安的象征。

◆ 玄奘塑像

大雁塔的建筑构造

大雁塔是仿木结构的四方形楼阁式砖塔，由塔基、塔身、塔刹组成，现通高为64.517米。塔基高4.2米，南北约48.7米，东西45.7米；塔体呈方锥形，平面呈正方形，底边长为25.5米，塔身高59.9米，塔刹高4.87米。塔体各层均以青砖模仿唐代建筑砌檐柱、斗拱、栏额、檀枋、檐椽、飞椽等仿木结构，磨砖对缝砌成，结构严整，磨砖对缝坚固异常。塔身各层壁面都用砖砌扁柱和阑额，柱的上部施有大斗，在每层四面的正中各开辟一个砖拱券门洞。塔内的平面也呈方形，各层均有楼板，设置扶梯，可盘旋而上至塔顶。塔上陈列有佛舍利子、佛足石刻、唐僧取经足迹石刻等。

塔的底层四面皆有石门，门楣上均有精美的线刻佛像，西门楣为阿弥陀佛说法图，图中刻有富丽堂皇的殿堂。画面布局严谨，线条遒劲流畅，传为唐代画家阎立本的手

笔。底层南门洞两侧镶嵌着唐代书法家褚遂良所书、唐太宗李世民所撰《大唐三藏圣教序》和唐高宗李治所撰《述三藏圣教序记》两通石碑，具有很高艺术价值，人称"二圣三绝碑"。

对大雁塔的保护

大雁塔由于人为破坏，加上自身结构等问题，在1719年就发现塔身倾斜。到1985年古塔已倾斜了998毫米，至1996年，古塔向西北方向倾斜达1010.5毫米，平均每年倾斜1毫米。1983年西安市政府将《大雁塔倾斜问题及其加固研究》列为重大科研项目，并成立了课题组。后经有关部门20多年的探查、保护、排水、防渗等方面综合整治，大雁塔的倾斜状况已明显趋于缓和和稳定，2005年倾斜量为1001.9毫米。

延伸阅读

大雁塔地宫猜想

1987年陕西法门寺发现的唐代地宫被称为继兵马俑之后又一重大文物发现。气势恢弘的大雁塔下面是否也藏有千年地宫呢？历来众多专家就有这样的观点，与扶风法门寺宝塔地宫一样，大雁塔下极有可能存在一座瑰丽壮观的地宫。

据史料记载，玄奘从印度取经归来后，带回大量佛舍利、657卷贝叶梵文真经及8尊金银佛像，经朝廷批准玄奘亲自设计建造了大雁塔来供奉和珍藏这些宝物。这批珍宝是藏在大慈恩寺里后散失，还是完好无损地埋藏在地下，似乎已成千古之谜。如果大雁塔下藏有千年地宫，则很有可能藏有玄奘西域取经归来后的大量经卷、袈裟等珍宝。

中国最早的建筑学专著——《营造法式》

北宋著名建筑师李诫著的《营造法式》代表着我国古代建筑理论的最高水平，记载着宋代建筑的制度、做法、用工、图样等珍贵资料，对研究中国建筑、理解其理念和精神有着深远的意义。

李诫（1035—1110），字明仲，郑州管城县（今河南新郑）人，北宋时期的著名建筑师。《营造法式》是李诫在两浙工匠喻皓的《木经》的基础上编成的，是北宋官方颁布的一部建筑设计、施工的规范书，这是中国古代最完整的建筑技术书籍，标志着中国古代建筑已经发展到了较高阶段。

北宋神宗熙宁年间，宰相王安石提出了以"整军强兵""理财节约"为宗旨的革新变法。当时，宋朝的贵族官僚、地主富豪之间经常互相攀比，大建宫室庭院、楼台寺观的腐败之风盛行。由于在建造规模、建筑材料和工时定额等方面都缺乏标准，造成了财力、物力、人力的极大浪费。王安石从理财的角度出发，下令负责国家建筑事务的"将作监"编纂统一标准的《营造法式》。将作监花了20年的时间，终于在宋哲宗元祐六年（1091）编成此书。

书虽然完成了，但却编写得很不完善，存在很多漏洞，只对用料作了规定，缺乏建造标准，还是不能解决施工混乱的问题。于是，宋哲宗绍圣四年（1097），时任将作监丞的李诫受命重新编修《营造法式》。

李诫出生于官吏家庭，据文献记载，他的家族藏书有万卷之多，因此，李诫自幼受到了良好的文化熏陶，博学多才。在编修《营造法式》前，李诫主持过许多重要工程的建筑设计，在工程规划设计、施工管理等方面积累了丰富的经验，成为当时著名的建筑专家。为了编好《营造法式》，在《元法式》的基础上，他参考了《考工记》《唐大典》《木经》等大量建筑史籍。同时，他十

◆ 玉泉寺。对研究中国古代冶金铸造、金属防腐、营造法式、建筑力学、铸雕艺术以及佛教史具有十分重要的价值。

◆ 《营造法式》书影

史料，具有高度的科学价值，它在中国古代建筑史上起着承前启后的作用，对后世的建筑技术的发展产生了深远影响。同时，《营造法式》还为世界建筑学界所关注，被翻译成英文、俄文、法文等多种文字，广为流传，显示了中国古建筑文化的魅力。

分重视实践经验，经常与工匠一起探讨施工中的难题。自绍圣四年(1097)开始，到元符三年(1100)完成书稿，《营造法式》编修历时四年。崇宁二年(1103)，宋徽宗将此书颁行天下，从此国内建筑工程有了统一的标准。

《营造法式》全书36卷，357篇，3555条，分五大部分，即名例、制度、功限、料例和图样。《营造法式》不仅内容十分丰富，而且还附有非常珍贵的建筑图样，开创了图文并茂的一代新风。

《营造法式》的名例部分对建筑名词术语作了解释，对部分数据作了统一的规定，纠正了过去一物多名、方言土语等谬误。李诫还总结了施工的实践经验，制定了各项工程制度、施工标准、操作要领等，对各种建筑材料的选材、规格、尺寸、加工、安装方法都一一加以详尽的记述，堪称为古代建筑的一部百科全书。

《营造法式》是中国建筑史上一部不朽的名著，是我们研究古代建筑史的重要

延伸阅读

梁思成与《营造法式》

梁思成(1901—1972)是我国的建筑学家和建筑教育家，他毕生从事中国古代建筑的研究和建筑教育事业，是中国古代建筑学科的开拓者和奠基者。1931年，梁思成在中国营造学社工作，开始系统而深入地研究《营造法式》。他用了10余年时间，和营造学社同仁调查了约2000余项古代建筑，通过对这些实物的测绘，对《营造法式》有了比较深入的理解。1963年，梁思成完成了"壕寨制度"、"石作制度"和"大木作制度"的绘图工作以及文字注释工作。正当《营造法式》注释本上卷稿接近完成时，"文化大革命"开始了，梁思成被游街批斗，不幸于1972年病逝。1980年，中国建筑工业出版社出版了梁思成著《营造法式注释本》上卷。

古老的木构塔式建筑——山西应县木塔

山西应县木塔设计科学严密、构造完美，是一座既有民族风格，又符合宗教要求的建筑，在我国古代建筑艺术中达到了极高的水平，是我国现存最高、最古的一座木构塔式建筑，也是唯一一座木结构楼阁式塔。

应县木塔全称为应县佛宫寺释迦塔，建于辽清宁二年（1056），位于山西省朔州市应县城内西北佛宫寺内，塔高67.31米，底层直径30.27米，呈平面八角形。

应县木塔的设计，大胆继承了汉、唐以来富有民族特点的重楼形式，充分利用传统建筑技巧，建筑宏伟、艺术精巧，外形稳重庄严，是建筑结构与使用功能设计合理的典范。它那巍峨擎天的身躯、严谨精巧的结构、交错默契的斗拱，均令人赞叹叫绝。这些特点，表现了我国古代匠师们的聪明才智，反映了中华民族在古代建筑工程技术上的伟大成就。

木塔的建筑结构

应县木塔位于佛宫寺南北中轴线上的山门与大殿之间，属于"前塔后殿"的布局。塔建造在四米高的台基上，塔高67.31米，底层直径30.27米，呈平面八角形。第一层立面重檐，以上各层均为单檐，共五层六檐，各层间夹设暗层，实为九层。因底层为重檐并有回廊，故塔的外观为六层

屋檐。各层均用内、外两圈木柱支撑，每层外有24根柱子，内有八根，木柱之间使用了许多斜撑、梁、枋和短柱，组成不同方向的复梁式木架。整个木塔用红松木料构建，整体比例适当，建筑宏伟，艺术精巧，外形稳重庄严。

木塔的建筑艺术

应县木塔的设计，广泛采用斗拱结构，每个斗拱都有一定的组合形式，有的将梁、枋、柱结成一个整体，每层都形成了一个八边形中空结构层。木塔各层塔檐基本平

◆ 佛宫寺释迦塔

◆ 佛宫寺

木塔内的佛物

应县木塔内供奉着两颗为全世界佛教界尊宗的圣物佛牙舍利，盛装在两座七宝供奉的银廓里，经考证确认为是释迦牟尼灵牙遗骨。塔内各层均塑佛像，一层为释迦牟尼，高11米，面目端庄，神态怡然，顶部有精美华丽的藻井，内槽墙壁上画有六幅如来佛像，门洞两侧壁上也绘有金刚、天王、弟子等，壁画色泽鲜艳，人物栩栩如生；二层坛座方形，上塑一佛二菩萨和二胁侍；三层坛座八角形，上塑四方佛；四层塑佛和阿傩、迦叶、文殊、普贤像；五层塑毗卢舍那如来佛和八大菩萨。各佛像雕塑精细，各具情态，有较高的艺术价值。塔内还发现了一批极为珍贵的辽代文物，其中以经卷为数较多，有手抄本，有辽代木版印刷本，有的经卷长达30多米，实属罕见，是研究中国辽代政治、经济和文化最宝贵的实物资料。

直，角翘十分平缓。平座以其水平方向与各层塔檐协调，又以其材料、色彩和处理手法与塔檐对比，与塔身协调，是塔檐和塔身的必要过渡。平座、塔身、塔檐重叠而上，区隔分明，交代清晰，强调了节奏，丰富了轮廓线，也增加了横向线条。底层的重檐处理更加强了全塔的稳定感。

木塔建在4米高的两层石砌台基上，内外两槽立柱，构成双层套筒式结构，柱头间有栏额和普柏枋，柱脚间有地伏等水平构件，内外槽之间有梁枋相连接，使双层套筒紧密结合。暗层中用大量斜撑，结构上起圈梁作用，加强木塔结构的整体性。塔建成300多年至元顺帝时，曾经历大地震七日，仍巍然不动。

应县木塔设计科学严密，构造完美，巧夺天工，是一座既有民族风格、民族特点，又符合宗教要求的建筑，在中国古代建筑艺术中可以说达到了最高水平，即使现在也有较高的研究价值。

延伸阅读

世界三大奇塔

应县木塔与埃菲尔铁塔和比萨斜塔并称为世界三大奇塔。

埃菲尔铁塔是一座于1889年建成的镂空结构铁塔，位于法国巴黎战神广场上，高300米，天线高24米，总高324米。铁塔由法国建筑师居斯塔夫·埃菲尔设计，是世界建筑史上的杰作，因而成为法国和巴黎的一个重要景点和突出标志。

比萨斜塔位于意大利托斯卡纳省比萨城北面的奇迹广场上，在比萨大教堂的后面，始建于1173年，由意大利著名建筑师那诺·皮萨诺主持修建。比萨斜塔是比萨城的标志，1987年它和相邻的大教堂、洗礼堂、墓园一起因其对11世纪至14世纪意大利建筑艺术的巨大影响，而被联合国教科文组织评选为世界遗产。

世界五大宫之首——故宫

　　故宫是世界现存最大、最完整的木质结构的古代皇宫建筑群，它是无与伦比的古代建筑杰作，被誉为世界五大宫之首。故宫历经了明、清两个朝代二十四位皇帝，是明清两朝最高统治核心的代名词。1961年，国务院宣布故宫为第一批"全国重点文物保护单位"。

　　故宫位于北京市中心，旧称紫禁城，是明、清两代的皇宫。故宫始建于明永乐4年（1406），1420年基本竣工。故宫南北长961米，东西宽753米，面积约为72.5万平方米，建筑面积15.5万平方米。相传故宫一共有9999.5个房间，实际据1973年专家现场测量，故宫有房间8704间。有人做过形象比喻，说一个人从出生就开始住，每一天住一间房，不重复，要住到27岁才可以出来。

　　故宫周围环绕着高12米，长3400米的宫墙，形式为一长方形城池，墙外有52米宽的护城河环绕，形成一个壁垒森严的城堡。故宫宫殿建筑均是木结构、黄琉璃瓦顶、青白石底座，饰以金碧辉煌的彩画。故宫有4个

门，正门名午门，东门名东华门，西门名西华门，北门名神武门。面对北门神武门，有用土、石筑成的景山，满山松柏成林。在整体布局上，景山可说是故宫建筑群的屏障。

　　故宫的建筑依据其布局与功用分为"外朝"与"内廷"两大部分。"外朝"与"内廷"以乾清门为界，乾清门以南为外朝，以北为内廷。故宫外朝、内廷的建筑气氛迥然不同。外朝以太和、中和、保

◆ 故宫中轴线

◆ 乾清宫内景

和三大殿为中心，是皇帝举行朝会的地方，也称为"前朝"，是封建皇帝行使权力、举行盛典的地方。此外两翼东有文华殿、文渊阁、上驷院、南三所；西有武英殿、内务府等建筑。内廷以乾清宫、交泰殿、坤宁宫后三宫为中心，两翼为养心殿、东西六宫、斋宫、毓庆宫，后有御花园，是封建帝王与后妃居住之所。内廷东部的宁寿宫是当年乾隆皇帝退位后为养老而修建。内廷西部有慈宁宫、寿安宫等。此外还有重华宫、北五所等建筑。

故宫严格地按《周礼·考工记》中"前朝后寝，左祖右社"的帝都营建原则建造。整个故宫，在建筑布置上，用形体变化、高低起伏的手法，组合成一个整体。在功能上符合封建社会的等级制度，同时又达到了左右均衡和形体变化的艺术效果。故宫前部宫殿，建筑造型宏伟壮丽，庭院明朗开阔，象征封建政权至高无上。因此，太和殿坐落在紫禁城对角线的

中心，四角上各有十只吉祥瑞兽，生动形象，栩栩如生。后部内廷庭院深邃，建筑紧凑，因此东西六宫都自成一体，各有宫门宫墙，相对排列，秩序井然，再配以宫灯联对、绣榻几床，都是体现适应豪华生活需要的布置。

故宫是几百年前劳动人民智慧和血汗的结晶。在当时社会生产条件下，能建造这样宏伟高大的建筑群，充分反映了中国古代劳动人民的高度智慧和创造才能。建筑学家们认为故宫的设计与建筑，实在是一个无与伦比的杰作，它的平面布局、立体效果，以及形式上的雄伟、堂皇、庄严、和谐，堪称中国古代建筑艺术的精华。

延伸阅读

故宫博物院中的文物收藏

游览故宫，一是欣赏丰富多彩的建筑艺术，二是观赏陈列于室内的珍贵的文物。故宫博物院藏有大量珍贵文物，截至2005年12月31日，中国文物系统文物收藏单位馆藏一级文物的总数已达109197件，现已全部在国家文物局建档备案。在全国保存一级文物的1330个收藏单位中，故宫博物院以8273件（套）高居榜首，并收有很多绝无仅有的国宝。故宫的一些宫殿中设立了综合性的历史艺术馆、绘画馆、分类的陶瓷馆、青铜器馆、明清工艺美术馆、铭刻馆、玩具馆、文房四宝馆、玩物馆、珍宝馆、钟表馆和清代宫廷典章文物展览等，收藏有大量古代艺术珍品，是中国最大的古代文化艺术博物馆。

中国园林之母——拙政园

拙政园是江南园林的代表，也是苏州园林中面积最大的古典山水园林，被誉为"中国园林之母"，充分展现了江南园林在千年悠悠岁月中美的历程和旖旎风采。

拙政园位于苏州市中心，初为唐代诗人陆龟蒙的住宅，元朝时为大弘寺。明正德四年（1509），明代弘治进士、明嘉靖年间御史王献臣仕途失意归隐苏州后买下拙政园，聘请著名画家、吴门画派的代表人物文征明参与设计蓝图，历时16年建成。400多年来，拙政园屡换园主，曾一分为三，园名各异，或为私园，或为官府，或散为民居，直到上个世纪50年代，才完璧合一，恢复初名"拙政园"。

现在的拙政园全园占地5.2万平方米，建筑大多是清咸丰九年（1850）拙政园成为太平天国忠王府花园时重建，至清末形成东、中、西三个相对独立的小园。

拙政园东园

拙政园东园明快开朗，以平冈远山、松林草坪、竹坞曲水为主，主要景点有兰雪堂、缀云峰、芙蓉榭、天泉亭、秫香馆等。

兰雪堂是东园的主要厅堂，堂名取意于李白"独立天地间，清风洒兰雪"诗句。兰雪堂为五楹草堂，堂前两棵白皮松苍劲古拙，墙边修竹苍翠欲滴，湖石玲珑，绿草夹径，东西院墙相连。堂坐北朝南三开间，"兰雪堂"匾额高挂，长窗落地，堂正中有屏门相隔，屏门南面为一幅漆雕《拙政园全景图》，屏门北面为《翠竹图》，全部采用苏州传统的漆雕工艺，屏门两边的隔扇裙板上刻有人物山水。芙蓉榭体现了中国古代建筑之优，屋顶为卷棚歇山顶，四角飞翘，一半建在岸上，一半伸向水面，灵空架于水波上，伫立水边、池水清清，秀美倩巧，是夏日赏荷的好地方。

拙政园中园

拙政园中园为拙政园精华所在，总体布局以水池为中心，亭台楼榭皆临水而建，有

◆ 拙政园

◆ 小飞虹。苏州古典园林中唯一的一座廊桥。

的亭榭则直出水中，池广树茂，景色自然，临水布置了形体不一、高低错落、主次分明的建筑，保持了明代园林浑厚、质朴、疏朗的艺术风格，主要景点有远香堂、香洲、荷风四面亭、见山楼、小飞虹、枇杷园等。

远香堂以荷香喻人品，为拙政园中园的主体建筑，位于水池南岸，隔池与东西两山岛相望，池水清澈广阔，遍植荷花，山岛上林荫匝地，水岸藤萝粉披，两山溪谷间架有小桥，山岛上各建一亭，西为雪香云蔚亭，东为待霜亭，四季景色因时而异。

远香堂之西，倚玉轩与香洲遥遥相对，与其北面的荷风四面亭成三足鼎立之势，都可随势赏荷。倚玉轩之西有一曲水湾深入南部居宅，有三间水阁小沧浪，它以北面的廊桥小飞虹分隔空间，构成一个幽静的水院。

拙政园西园

拙政园西园台馆分峙、回廊起伏，水波倒影，别有情趣，装饰华丽精美，主要景点有卅六鸳鸯馆、倒影楼、与谁同坐轩、水廊等。

卅六鸳鸯馆是西园的主体建筑，精美华丽，大厅分为两部，南部为十八曼陀罗花馆，北部为卅六鸳鸯馆。十八曼陀罗花馆宜于冬、春居处，厅南向阳，小院围墙既挡风又聚暖，并使室内有适量的阳光照射；北厅（后厅）临清池，夏、秋时推窗可见荷池中芙蕖浮动，鸳鸯戏水。

总之，拙政园的布局疏密自然，以水为主，水面广阔，景色平淡天真、疏朗自然。它以池水为中心，楼阁轩榭建在池周围，其间有漏窗、回廊相连，园内的山石、古木、绿竹、花卉，构成了一幅幽远宁静的画面，代表了明代园林建筑风格，为江南园林的典型代表。

延伸阅读

吴门画派代表人物文征明与拙政园

吴门画派代表人物之一的文征明，以翰墨自娱，画风清远恬淡。他与园主王献臣交往甚密，拙政园建成后，王氏经常邀其宴饮、赏游，他对园中美景乐而忘返，拙政园成了他创作的蓝本。他曾数次为拙政园作画，其中比较有影响、流传至今的《文待诏拙政园图》，集诗、书、画于一体，相互映发，堪称巨构杰作。文征明当年亲手种植的紫藤，历经400余年，仍身姿矫健，绿荫满庭，被李根源先生称为"苏州三绝"之一。文征明所作的《王氏拙政园记》石刻，现位于倒影楼下拜文揖沈之斋，他的字疏朗清秀，风骨自在，《千字文》置西部水廊内，系文征明80岁所作的蝇头小楷，笔势空灵飞动，书法高超，其艺术风格与拙政园的典雅特色似乎有着某些相同之处，名人名园，交相辉映。

"四大名园"之一——苏州留园

留园是我国"四大名园"之一，它在空间上的处理充分体现了古代造园家的高超技艺、卓越智慧和江南园林建筑的艺术风格和特色，它千姿百态、赏心悦目的园林景观，呈现出诗情画意的无穷境界。

苏州留园和北京颐和园、承德避暑山庄、苏州拙政园合称为中国四大名园。留园始建于明朝万历二十一年(1593)，距今已经有400多年历史，以其精湛的造园艺术、独特的建筑风格和深厚的文化底蕴，成为中国历代私家园林的典型代表。

留园位于苏州古城之西的阊门外，占地约3万平方米，明代为太仆寺少卿徐泰时的私家园林，时称东园。清代归刘蓉峰所有，改称寒碧山庄，俗称刘园。清光绪二年

◆ 留园

(1876)又为盛旭人所据，始称留园。

留园的建筑布局

现在的留园分为中、东、北、西四部分，其间以曲廊相连，迂回连绵，达700余米，通幽度壑，秀色迭出。

中部以山水为主，是全园的精华所在。中部又分东、西两区，东区以建筑为主，西区以山水见长。西区南北为山，中央为池，东南为建筑。主厅为涵碧山房，由此往东是明瑟楼，向南为绿荫轩，远翠阁位于中部东北角，闻木樨香处在中部西北隅。另外还有可亭、小蓬莱、濠濮亭、曲溪楼、清风池馆等处。山上古木参天，显出一派山林森郁的气氛。山曲之间水涧蜿蜒，仿佛池水之源。

东部的中心是五峰仙馆，五峰仙馆四周环绕着还我读书处、揖峰轩、汲古得绠处。揖峰轩以东的林泉耆硕之馆设计精妙、陈设富丽。

北面是冠云沼、冠云亭、冠云楼以及著名的冠云峰、岫云峰和端云峰。三峰为明代旧物，冠云峰高约9米，玲珑剔透，有"江

南园林峰石之冠"的美誉。周围有贮云庵，佳晴喜雨快雪之亭。

西部以假山为奇，取其自然景色，土石相间，浑然天成。山上枫树、香樟郁然成林，盛夏绿荫蔽口，深秋红霞似锦。至乐亭、舒啸亭隐现于林木之中。山左云墙如游龙起伏，山前曲溪宛转，流水潺潺。北面桃园，俗称"小桃坞"。东麓有水阁"活泼泼地"，横卧于溪涧之上，令人有水流不尽之感。

◆ 留园雪景

留园的空间布局

留园的建筑虽多但虚实相间，景致复杂但层次分明，平面变化生动，立体看来自然多姿。留园在空间上用欲扬先抑和渐入佳境的布局手法，给每位入园者一个期待和新奇的感觉，充分体现了古代造园家的高超技艺、卓越智慧和江南园林建筑的艺术风格。

留园布局紧凑，结构严谨，以建筑结构见长，善于运用大小、曲直、明暗、高低、收放等变化，组合景观、高低布置恰到好处，营造了一组组层次丰富、错落有致、有节奏、有色彩、有对比的空间体系，建筑与园境相映成趣。

留园入口部分采用空间对比的手法，曲折狭长又十分封闭的空间与园内主要空间有着强烈的对比，人们穿越它进入主要空间时，顿觉豁然开朗。走进留园，使人领略到忽张忽弛、忽开忽合的韵律节奏感。此外，留园在运用空间渗透的手法方面亦是十分卓越的。

1961年，留园被国务院列入首批全国重点文物保护单位，1997年12月，经联合国教科文组织批准，留园列入《世界遗产名录》。

延伸阅读

留园三绝之鱼化石

留园的五峰仙馆内保存有一件号称"留园三宝"之一的大理石天然画"鱼化石"。只见一面大理石立屏立于墙边，石表面中间部分隐隐约约群山环抱，悬壁重叠，下部流水潺潺，瀑布飞悬，上部流云婀娜，正中上方，一轮白白的圆斑，就像一轮太阳或者一轮明月，这是自然形成的一幅山水画，这块直径一米左右的大理石出产于云南点苍山山中，厚度也仅有15毫米。这块大理石是如何完好无损从相距千里之外的云南运到江南苏州的，真是一个谜。

第四讲 建筑设计技术

现存最大的皇家园林——承德避暑山庄

承德避暑山庄是我国著名的园林建筑，它以朴素淡雅的山村野趣为格调，取自然山水之本色，吸收江南塞北之风光，成为中国现存最大的古代皇家园林。避暑山庄不仅具有极高的美学研究价值，而且还保留着中国封建社会发展末期的历史遗迹。

承德避暑山庄是由皇帝宫室、皇家园林和宏伟壮观的寺庙群所组成的大型古建筑群，始建于康熙四十二年(1703)，建成于乾隆五十五年（1790），占地564万平方米，环绕山庄婉蜒起伏的宫墙长达万米，是中国现存最大的古典皇家园林。

清朝第二个政治中心

康熙二十年（1681），清政府为加强对蒙古地方的管理，巩固北部边防，在距北京350多千米的蒙古草原建立了木兰围场。每年秋季，皇帝带领王公大臣、八旗军队、后宫妃嫔、皇族子孙等前往木兰围场行围狩猎，以达到训练军队、固边守防之目的。为了解决皇帝沿途的吃住，朝廷在北京至木兰围场之间相继修建21座行宫，热河行宫——避暑山庄就是其中之一。避暑山庄是清代皇帝夏天避暑和理军政要事、接见外国使节和边疆少数民族政教首领的场所，也是清朝的第二个政治中心。

避暑山庄的布局

避暑山庄的建筑布局分为宫殿区和苑景区，苑景区又分成湖区、平原区和山区，内有康熙乾隆钦定的72景，拥有殿、堂、楼、馆、亭、榭、阁、轩、斋、寺等多组建筑。

南端的宫殿区，东北接平原区和湖区，西北连

◆ 避暑山庄

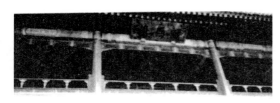

◆ 烟雨楼

山区，是皇帝行使权力、居住、读书和娱乐的场所。宫殿区的主体建筑居中，附属建筑置于两侧，基本均衡对称，充分利用自然环境而又加以改造，使自然景观与人文景观巧妙结合，显示出皇家园林的气派。

宫殿区由正宫、松鹤斋、东宫和万壑松风四组建筑组成。正宫是宫殿区的主体建筑，占地1万平方米，包括九进院落，由丽正门、午门、阅射门、澹泊敬诚殿、四知书屋、十九间照房、烟波致爽殿、云山胜地楼、岫云门以及一些朝房、配殿和回廊等组成。正宫分为前朝、后寝两部分，前朝是皇帝处理军机政务的办公区，后寝是皇帝和后妃们日常起居的生活区。主殿澹泊敬诚殿是皇帝治理朝政的地方。正宫东面一组八进院落的建筑是松鹤斋，以供皇太后居住。在松鹤斋的东面是东宫，1945年东宫失火被烧毁，现仅存基址。

湖区的洲岛错落有致，共有5个湖，各湖之间又有桥相通，两岸绿树成荫，秀丽多姿。湖区的总体结构以山环水、以水绕岛，布局运用中国传统造园手法，多组建筑巧妙地营构在洲岛、堤岸和水面之中，展示出一片水乡景色。湖区的风景建筑大多仿照江南名胜建造，烟雨楼模仿浙江嘉兴南湖烟雨楼的形状修建，金山岛的布局仿自江苏镇江金山。

平原区主要是一片片草地和树林。山峦之中，古松参天，林木茂盛，原建有40多组轩斋亭舍、佛寺道观等建筑，但多已只存基址。

避暑山庄的建筑风格

避暑山庄取自然山水之本色，吸收江南塞北之风光，山中有园，园中有山。园林建造实现了宫与苑形式上的完美结合，继承和发展了中国古典园林"以人为之美入自然，符合自然而又超越自然"的传统造园思想，并创造性地运用各种建筑技艺，撷取中国南北名园名寺的精华，仿中有创，表达了"移天缩地在君怀"的建筑主题，把中国古典哲学、美学、文学等多方面文化的内涵融注其中，使其成为中国传统文化的缩影。

延伸阅读

外八庙

康熙、乾隆两帝为了接待少数民族与宗教首领，先后在避暑山庄北面与东面兴建了12座寺庙，其中只有8座寺庙住有喇嘛，这8座皇家寺庙坐落在北京东北郊古北口的外面，故称"外八庙"。因此，外八庙就成了承德原有12座皇家寺庙的代名词。12座寺庙目前尚存9座，它们是：普陀宗乘之庙（小布达拉宫）、须弥福寿之庙（班禅行宫）、普宁寺（大佛寺）、普佑寺、殊象寺、溥仁寺、普乐寺（圆亭子）、安远寺（方亭子）、广缘寺。溥善寺、广安寺与罗汉堂三寺庙今已不存。外八庙融和了汉、藏等民族建筑艺术的精华，气势宏伟，极具皇家风范。

第四讲　建筑设计技术

皇家园林博物馆——颐和园

颐和园是中国封建社会修建的最后一座超大型的皇家园林，为中国四大名园之一。颐和园园林艺术构思巧妙，是集中国园林建筑艺术之大成的杰作，在中外园林艺术史上地位显赫，被誉为皇家园林博物馆。

颐和园位于北京市西北近郊，距北京城区15千米。原是清朝帝王的行宫和花园，前身清漪园，是三山五园中（万寿山、玉泉山、香山；颐和园、静明园、静宜园、畅春园、圆明园）最后兴建的一座园林，始建于1750年，1764年建成。颐和园是利用昆明湖、万寿山为基址，以杭州西湖风景为蓝本，汲取江南园林的某些设计手法和意境而建成的一座大型天然山水园，也是保存得最完整的一座皇家行宫御苑，占地约290公顷。

颐和园集传统造园艺术之大成，万寿山、昆明湖构成其基本框架，借景周围的山水环境，饱含中国皇家园林的恢弘富丽气势，又充满自然之趣，高度体现了"虽由人作，宛自天开"的造园准则。颐和园亭台、长廊、殿堂、庙宇和小桥等人工景观与自然山峦和开阔的湖面相互和谐、艺术地融为一体，整个园林艺术构思巧妙，在中外园林艺术史上地位显赫。

在万寿山和昆明湖交界的岸边有一条长长的游廊，据说是乾隆皇帝为了让他的母亲在游园之时不受雨雪日晒之苦而修建的。乾隆皇帝的母亲喜欢听故事，经常一边在长廊中游览，一边让宫女给她讲各式各样的故事听。有些她特别喜欢的故事，就让宫女们反复地讲。时间一长，宫女们肚子里的故事讲完

◆ 颐和园十七孔桥

中华文化公开课

科技文化九讲

◆ 颐和园的标志性建筑——佛香阁

（此前叫清漪园），作为慈禧太后晚年的颐养之地。从此，颐和园成为晚清最高统治者在紫禁城之外最重要的政治和外交活动中心，是中国近代历史的重要见证与诸多重大历史事件的发生地。

1900年，八国联军侵入北京，颐和园再遭洗劫，1902年清政府又予重修；清朝末年，颐和园成为中国最高统治者的主要居住地，慈禧和光绪在这里坐朝听政、颁发谕旨、接见外宾。

1998年12月2日，颐和园以其丰厚的历史文化积淀，优美的自然环境景观，卓越的保护管理工作被联合国教科文组织列入《世界遗产名录》。

了，以前讲过的故事也记不清了，这可难坏了宫女们。后来，她们想出了一个好办法：将故事的内容画在长廊两侧的梁枋上。故事越讲越多，梁枋上的人物故事彩画也越来越丰富。从此，宫女们再也不愁没有故事给太后讲了。而太后也因为年迈眼拙，看不清梁枋上的彩画，对此竟毫无察觉。据说，这就是颐和园长廊人物故事彩画最初的来历。

园中主要景点大致分为三个区域：以庄重威严的仁寿殿为代表的政治活动区，是清朝末期慈禧与光绪从事内政、外交政治活动的主要场所。以乐寿堂、玉澜堂、宜芸馆等庭院为代表的生活区，是慈禧、光绪及后妃居住的地方。以长廊沿线、后山、西区组成的广大区域，是供帝后们澄怀散志、休闲娱乐的苑囿游览区。前山以佛香阁为中心，组成巨大的主体建筑群。

在1860年的第二次鸦片战争中，颐和园被英法联军烧毁；1886年，清政府挪用海军军费等款项重修，并于两年后改名颐和园

延伸阅读

昆明湖

昆明湖是清代皇家诸园中最大的湖泊，湖中一道长堤——西堤，自西北逶迤向南。西堤及其支堤把湖面划分为三个大小不等的水域，每个水域各有一个湖心岛。这三个岛在湖面上成鼎足而峙的布列，象征着中国古老传说中的东海三神山——蓬莱、方丈、瀛洲。由于岛堤分隔，湖面出现层次，避免了单调空疏。西堤以及堤上的六座桥是有意识地摹仿杭州西湖的苏堤和"苏堤六桥"，使昆明湖益发神似西湖。湖岸和湖堤绿树荫浓，掩映潋滟水光，呈现一派富于江南情调的近湖远山的自然美。

第五讲
农学耕种技术

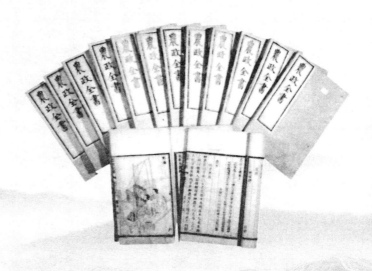

古代机械大师——马钧

马钧是我国古代的机械大师，他发明的新式织绫机大大加快了我国古代丝织工业的发展速度，为我国家庭手工业织布机奠定了某础；而他创制的龙骨水车一直被我国农村历代沿用，在农业生产上发挥着巨大的作用。

马钧（220—265），字德衡，三国时期魏国扶风(今陕西省兴平县)人，伟大的机械制造家。马钧从小口吃，不善言谈。但是他很喜欢思索，善于动脑，同时注重实践，勤于动手，尤其喜欢钻研机械方面的问题。他一生致力于机械的发明、改造和制造，为生产技术的发展起到了巨大的作用，曾获"天下之名巧"的誉称。

发明新式织绫机

我国是世界上生产丝织品最早的国家，劳动人民在生产实践中发明了简单的织绫机。这种织绫机有120个蹑(踏具)，人们用脚踏蹑管理它，织一匹花绫得用两个月左右的时间。为了提花，要把经线分成60综，而每一综必须用一个蹑操纵，工作起来手忙脚乱，速度很慢，而且容易出错。

马钧看到工人在这种织绫机上操作，累得满身流汗，生产效率还很低，就下决心改良这种织绫机。于是，他深入到生产过程中，对旧式织绫机进行了认真研究，重新设计了一种新式织绫机，简化了踏具，改造了桄运动机件(即开口运动机件)。马钧把原来60根经线的60蹑改成了12蹑，这样一来，新织绫机不仅更精致，更简单适用，而且生产效率也比原来的提高

◆ 水车，一种连续提水的工具。

了四五倍，织出的提花绫锦，花纹图案奇特，花型变化多端，受到了广大丝织工人的欢迎。

◆ 三国连弩复原模型

龙骨水车的创制

马钧曾在魏国做过一个小官，经常住在京城洛阳。当时在洛阳城里，有一大块坡地非常适合种蔬菜，老百姓很想把这块土地开辟成菜园，可惜因无法引水浇地，一直空闲着。马钧经过反复研究、试验，终于创造出一种翻车，把河里的水引上了土坡，实现了老百姓的愿望。马钧创造的这种翻车，使用极其轻便，连小孩也能转动。它不但能提水，而且还能在雨涝的时候向外排水。这就是龙骨水车，是当时世界上最先进的生产工具之一，从那时起，一直被我国乡村历代所沿用，直至实现电动机械提水以前，它一直发挥着巨大的作用。

"水转百戏"的研制

一次，有人进献给魏明帝一种木偶百戏，造型相当精美，可那些木偶只能摆在那里，不能动作，明帝觉得很遗憾。就问马钧："你能使这些木偶活动起来吗？"马钧肯定地回答道："能！"没过多久，马钧就成功地创造了"水转百戏"。他用木头制成原动轮，以水力推动，使其旋转，这样，上层的所有陈设的木人都动起来了。有的击鼓，有的吹箫，有的跳舞，有的耍剑，有的骑马，有的在绳上倒立，还有百官行署，真是变化无穷。"水转百戏"的研制成功，说明马钧已经熟练掌握了水利和机械方面传动的原理。

马钧在手工业、农业、机械等方面有很多发明创造，是三国时代最优秀的机械制造家，就是在我国古代几千年的历史当中，也不多见，堪称一代机械大师。

延伸阅读

马钧在军事上的机械发明

三国时候，魏国和蜀国经常打仗。蜀国大军事家诸葛亮在出师北伐时，曾发明了一种可以把箭接连发射出去的连发射远器——连弩。它每次可发数十箭，威力很大。魏军在战场上拣到，颇感惊奇。当时已经年老的马钧看到连弩后，认为这种兵器很好，说："巧是很巧了，但还有不到的地方，如再改进一下，威力还可增加5倍。"于是，他便将连弩进行了改进，果然效果倍增。

农田耕作的进步——代田法

代田法是西汉赵过推行的一种适应北方旱作地区的耕作方法。这种耕作方法对于恢复汉武帝末年因征战、兴作而使用民力过甚，致使凋敝的农村经济起过一定的作用，而且对后世农业技术的发展也有深远的影响。

赵过，籍贯、生卒年不详，大约生活在汉武帝时期，我国著名的农学家。

汉武帝末年，为了增加农业生产，刘彻任赵过为搜粟都尉。赵过把关中农民创造的代田法加以总结推广，即把耕地分治成甽（田间小沟）和垅，甽垅相间，甽宽一尺，深一尺，垅宽也是一尺。一亩定制宽六尺，适可容纳三甽三垅。种子播在甽底不受风吹，可以保墒，幼苗长在甽中，也能得到和保持较多的水份，生长健壮。在每次中耕锄草

时，将垅上的土同草一起锄入甽中，培壅苗根，到了暑天，垅上的土削平，甽垅相齐，这就使作物的根能扎得深，既可耐旱，也可抗风，防止倒伏。第二年耕作时变更过来，以原来的甽为垅，原来的垅为甽，使同一地块的土地甽垅轮换利用，以恢复地力。

在代田法的推广过程中，赵过首先在离宫外墙内侧空地上试验，结果较常法耕种的土地每汉亩一般增产粟一石以上，好的可增产两石。可见，代田法是一种适合于我国北方旱地作物的耕作方法，它能达到"用力少而得谷多"的增产效果。

但赵过在推行代田法时遇到一个问题，就是由于没有与牛力相配套的农具，种代田的效率并不高。他决定发明一种适用于代田等行距条播的农具。西汉初期，我国已有了简单的播种机具——耧车。不过，起初的耧车是一腿耧或两腿耧，效率不高。赵过在前人的基础上，创制了三腿耧车。这种农具的

◆ 代田法培育

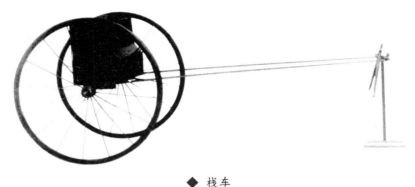

◆ 栈车

图形在山西平陆出土的汉墓壁画中得到了展现，根据壁画复原的耧车模型现陈列在中国历史博物馆。

赵过发明的耧车是由种子箱、排种箱、输种管、开沟器、机架和牵引装置组成的。它的中央有一个盛放种子的耧斗，耧斗下有3条中空的耧腿，下面装着开沟用的小铁铧。播种时，一人在前牵引架着耧辕的牲畜前进，另一人在后控制耧柄高低来调节耧腿入土的深浅，同时摇动耧柄，使种子均匀地从耧腿下方播入所开的沟内。耧车后面用两条绳子横向拖拉着一根方形木头，能在耧车

前进时把犁出的土刮入沟内，使种子及时得到覆盖。这种耧车将开沟、下种、覆盖三道工序结合在一起完成，大大提高了播种效率和质量。东汉崔寔在《政论》中说它"日种一顷"，也就是一天耕种100亩。

三腿耧车发明后，最先使用于"三辅"地区，即长安附近的关中平原，后来推广到边远地区。三腿耧车是一项杰出的发明，它的原理和功能同现代播种机差不多，在构造上也有许多相似之处。可以说，我国2000多年前发明的三腿耧车是西方人直到1600年才发明的播种机的始祖。

另外，在推广过程中，赵过发现有些农民因缺牛而无法趁雨水及时耕种，于是赵过让农民以换工或付工值的办法组织起来用人力挽犁。采用这样的办法，人多的组一天可耕30亩，人少的一天也可耕13亩，较旧法用耒耜翻地，效率大为提高，使更多的土地得到垦辟。

◆ 耧车模型

世界上最早的农学专著——《氾胜之书》

《氾胜之书》是我国最早的一部农书，书中记载的关于成本、支出和利润的计算是有关农业生产成本等项计算的最早记录，是战国秦汉时代商品性农业有了一定发展的产物，标志着中国经济思想史上农业经济核算思想的萌芽。

氾胜之（生卒年不详），大约生活在公元前1世纪的西汉末期。相传为西汉氾水（今山东曹县西北部）人，古代著名农学家。氾胜之出生在一个农民家庭，自幼对农作物生长和栽培就很感兴趣，喜欢研究农业技术，注意搜集、总结家乡农民的生产经验，积累了丰富的农业知识。

在汉成帝的时候，氾胜之步入仕途，官居议郎，以轻车使者的身份到关中平原地区管理农业。在此期间，他深入到农业生产实践中去，认真研究当地的土壤、气候和水利情况，因地制宜地总结、推广各种先进的农业生产技术。经过实地考查，反复试验，他总结推广了新的耕作方法——"区田法"。他把土地分成若干个小区，做成区田。每一块小区，四周打上土埂，中间整平，深挖作区，调和土壤，以增强土壤的保水保肥能力。采用宽幅点播或方形点播法，推行密植，注意中耕灌溉等。

区田法的推广和运用，大大提高了关中地区土地的单位面积产量，受到广大农民的欢迎。一直到清朝时，农学家杨屾在关中地区依然提倡这种耕作方法，甚至解放后的陕北地区，农民还保留着氾胜之当年推行的区田耕作法。

氾胜之还大力推广种子穗选法，要求在田间选择子粒又多又饱满的穗留作种子。他发明推广了"溲种法"，即在种子上粘上一层粪壳作为种肥，其原理直至

◆ 区田法耕作使得农业生产获得大丰收

科技文化公开课

中华文化公开课

◆ 瓠子。味甘，可以食用，但苦的瓠子不可食用，会引起食物中毒。《氾胜之书》里"种瓠法"大大提高了瓠子的产量。

今天还在应用。瓠子是当时三辅地区一种重要的经济作物。但由于瓠既不耐旱又不耐涝，产量一直低而不稳。氾胜之听说有一位农民是种瓠子的行家里手，就亲自登门拜访。他仔细观察研究这位农民的种瓠过程，自己还亲手反复做种植试验，终于总结出了一套瓠子种植高产技术，即"种瓠法"。用这个新技术栽种的瓠子，个儿长得特别大，一个可抵过去的10个。

氾胜之时时想着农业丰收，惦着百姓的温饱。为了总结推广群众中的新鲜经验，他常常微服出访，走遍了关中平原，虚心向种田好手请教，把群众的种田经验同自己的研究成果结合起来。他对北方的水稻、蚕桑、小麦、瓜果等作物的栽培技术进行了深入的研究，总结推广了种麦法、穗选法、种瓜法、调节稻田水温法、保墒法、桑苗截干法等，并加以推广，促进了农业生产的发展。

氾胜之总结自己指导农业之经验，整理

成了一部农书，后通称为《氾胜之书》，这是我国第一部较为完整的农业科学专著，发展了战国以来的农学，总结了我国古代黄河流域劳动人民的农业生产经验，记述了耕作原则和作物栽培技术，对促进我国农业生产的发展产生了深远影响，它是对我国农业科学技术的一个具有划时代意义的新总结，是中国传统农学的经典之一。

延伸阅读

《氾胜之书》成书背景

春秋战国时期，以铁器和牛耕的推广为主要标志，我国的农业生产力发生了一个飞跃。但当时的铁农具以小型的镰、锸、锄之类为多，铁犁数量很少，而且形制原始，牛耕的推广还是很初步的。秦的统一本来给生产力的发展创造了有利的条件，但秦朝的苛政暴敛，无限度地使用民力，又造成了社会生产的破坏。刘邦结束了楚汉相争的局面，重新统一了中国，社会进入了一个相对稳定的时期。汉初统治者吸取了秦亡的教训，实行了"休养生息"的政策，重视对农业生产的保护和劝导，社会经济获得了恢复和发展。到了汉武帝时期，生产力又上了一个新的台阶，以"耦犁"的发明和推广为标志，铁犁牛耕在黄河流域获得了普及，并向其他地区推广开去。农业生产力的这种空前发展，为农业科技的发展提供了基础。《氾胜之书》正是在这些基础上对新的经验所作的总结。

农事活动专著——《四民月令》

崔寔所著的《四民月令》成书于2世纪中期，是自《氾胜之书》到《齐民要术》出现的500多年间唯一的一部农业生产书籍，它反映了当时农业发展的状况，为东汉后期的农业研究提供了重要线索。

崔寔（103—107），字子真，又名台，涿郡安平（今河北安平）人，东汉后期著名的农学家、政论家。崔寔出身于名门高第。自高祖崔朝起，崔氏几代人中，曾有多人任郡太守等二千石以上的官职。崔寔的父亲崔瑗，是著名的书法家，对天文历法也有所研究，与扶风马融、南阳张衡"特相友好"。崔瑗在做河内郡汲县县令期间，对农业生产较为重视，曾"为人开稻田数百顷"，他的言行对崔寔有一定影响。

崔寔青年时代性格内向，爱读书。成年后，在桓帝时曾两次被朝廷召拜为议郎，与边韶、延笃等在东观皇家图书馆工作，以及和诸儒博士一起杂定"五经"。崔寔曾出任五原（在今内蒙古自治区河套北部和达尔罕茂明安联合旗西部地区）太守。当时，五原地方比较落后，虽然该地土壤适宜种植麻等纤维作物，但民间却没有纺织技术。老百姓冬天没有衣服穿就睡在草窝中，晋见地方官吏时就穿着稻草做的衣服。崔寔到五原后，从雁门、广武请来了织师，教当地人民纺、绩、织、纴的技巧，老百姓再也不用遭受衣不蔽体的痛苦了。

由于他在五原的政绩卓著，三四年后，又被举荐为辽东太守。后来，崔寔又被升为尚书，由于党祸，不到一年就被免归了。崔寔为官清正廉明，死的时候家徒四壁，最后还是由一些好友为他备办的棺木葬具。

崔寔根据多年的亲身体验深刻认识到：

◆ 《牛耕图》

从属农业，蔬菜以荤腥调味类较多。《四民月令》还最先记述了中国水稻移栽和树木的压条繁殖方法。其中农业经济除了自给自足外，还有利用价格的涨落，进行粮食、丝绵和丝织品等的买卖活动。

◆ 庄园生活图

农业生产及以农业生产为基础的工商业经营，都必须考虑农作物的生长季节性，加以合理的妥善安排才可获得较多收益。因此他把前人和自己所积累的新旧经验，加以总结，按月安排，写成一本四时经营的"备忘录"形式的手册，即《四民月令》。

《四民月令》是叙述一年例行农事活动的专书，叙述田庄从正月直到十二月中的农业活动。现存版本共有2371字，与狭义农业操作有关的共522字，占总字数的22%，再加上养蚕、纺织、织染以及食品加工和酿造等项合计也不到40%。其他如教育、处理社会关系，粜籴买卖、制药、冠子、纳妇和卫生等约占60%多。

《四民月令》中所述的生产规模大多已超出小农经济的规模，只有官宦之家的田庄才可体验上述的生产。从其记述可以看出东汉时洛阳地区农业生产和农业技术的发展状况，当中以农业占优，重视蚕桑，畜牧业仅

延伸阅读

《四民月令》的流传

　　《四民月令》成书以来，曾于魏晋南北朝到唐初流传。贾思勰《齐民要术》对书中内容曾多作引用。北周末年杜台卿撰写《玉烛宝典》的时候，每月均录有一段《四民月令》的材料。清代嘉庆年间，严可均辑录《四民月令》一卷，作为《全后汉文》第四十七卷收入《全上古三代秦汉六朝文》中。1921年，唐鸿学以《玉烛宝典》材料重编《四民月令》，收入《古逸丛书》中。

　　1965年，中华书局曾出版石声汉的《四民月令校注》。1981年，农业出版社又出版了缪启瑜的《四民月令辑释》。这两个辑佚本均以《玉烛宝典》为主要根据，广泛汲取《齐民要术》和各种类书中的有关资料，参考各种辑本，书中对《四民月令》的数据多有点评。

第五讲　农学耕种技术

古代农业百科全书——《齐民要术》

贾思勰所著的《齐民要术》是一部综合性农书，它是中国现存最完整的农学专著，也是世界农学史上最早的专著之一。《齐民要术》使我国的农业科学第一次形成了系统理论，为保留我国古代农业生产的宝贵经验，推动我国古代农业生产的发展作出了重大贡献。

贾思勰，北魏时期益都（今属山东）人，生活于我国北魏末期和东魏（公元6世纪），中国古代杰出的农学家。他的家族虽然世代务农，但却很喜欢读书、学习，尤其重视农业生产技术知识的学习和研究，这对贾思勰的一生有很大影响。他的家境并不富裕，但却拥有大量藏书，使他从小就有机会博览群书，从中汲取各方面的知识，为他以后编撰《齐民要术》打下了基础。

贾思勰曾做过高阳郡（今山东临淄）太守等官职，并因此到过山东、河南、河北等许多地方。他每到一处，都非常重视农业生产，认真考察和研究当地的农业生产技术，并虚心向一些有着丰富实践经验的老农请教，从而积累了许多农业生产方面的知识。

中年后的贾思勰回到故乡，开始经营农牧业，亲自参加农业生产和放牧活动。有一次，贾思勰养的200多头羊因为饲料不足，不到一年就饿死了一大半。事后他想，下次我事先种上20亩大豆，把饲料准备够羊就

不会饿死了。这样，他又养了一群羊。可是过了一段时间，羊又死了许多。到底是什么原因呢？羊少饲料多，羊也会死亡。贾思勰赶忙去向村里的老羊倌请教。老羊倌在仔细询问了贾思勰养羊的情况后，找到了羊死亡

◆ 贾思勰雕像

科技文化九讲

中华文化公开课

作胡羹法用羊脇六斤又肉四斤水四升煮出脇切之葱頭一斤胡荽一兩安石榴汁數合口調其味

作胡麻羹法用胡麻一斗擣煮令熟研取汁三升葱頭二升米二合煮令熟得二升半在

作瓠葉羹法用瓠葉五斤羊肉三斤葱二升鹽蟻五合口調其味

作雞羹法肥雞一頭解骨肉相離切肉琢骨煮使熟漉去骨以葱白三十枚合煮羹一斗五升

作笋䈥鴨羹法肥鴨一隻淨治如糝羹法饊亦如此白及葱白洗令極淨鹽盡下之令沸便熟也

箵四升洗令極淨鹽盡下之令沸便熟也

肺䑏法本法羊肺一具煮令熟細切別作羊肉臛以粳米二合生煮之

齊民要術卷八

中華書局聚

◆ 《齐民要术》书影

的原因：贾思勰放饲料的方法不对。羊是最爱干净的，他随便把饲料扔在羊圈里，羊在上面踩来踩去，拉屎撒尿也都在上面，这样的饲料羊自然不肯吃，所以就饿死了。贾思勰又在老羊倌家里住了好多天，认真观察了老羊倌的羊圈，学到了丰富的养羊经验。回去后，就按照老羊倌的方法去做，效果果然不错。

北魏永熙三年（534）到东魏武定二年（544）间，贾思勰将自己积累的许多古书上的农业技术资料、请教老农获得的丰富经验以及他自己亲身实践后的体会，加以分析整理和归纳总结，写成了农业科学技术巨著《齐民要术》。该书分为10卷，共

约4万字。另外，书前还有"自序""杂说"各一篇。《齐民要术》的内容相当丰富，涉及面极广，包括各种农作物的栽培、经济林木的生产以及各种野生植物的利用等等；同时，书中还详细介绍了各种家禽、家畜、鱼、蚕等的饲养和疾病防治，并把农副产品的加工以及食品加工、文具和日用品生产等形形色色的内容都囊括在内。

《齐民要术》反映了我国古代劳动人民无限的聪明才智，为保留我国古代农业生产的宝贵经验，推动我国古代农业生产的发展，都作出了重大贡献，是一部总结我国古代农业生产经验的杰出著作，是一部具有高度科学价值的"农业百科全书"。

延伸阅读

《齐民要术》的成书背景

北魏之前，我国北方处于一种长期的分裂割据局面。鲜卑族的拓跋氏建立了北魏政权并逐步统一了北方地区，社会秩序由此逐渐稳定，社会经济也逐渐恢复发展。北魏孝文帝在社会经济方面实施的一系列改革，更是刺激了农业生产的发展，促进了社会经济的进步。尽管如此，当时的农业生产还没有达到很高的水平。贾思勰认识到农业生产和人民的生产生活关系密切，国家能否强盛的关键在于君主是否重视农业生产，而农业生产要想有发展就必须依靠提高政府官员和农民的科学技术水平。因此，他亲自进行农业生产活动，总结当时的经验，研究前人的成果，写成了农业科学技术巨著《齐民要术》。

最早的茶叶百科全书——《茶经》

《茶经》是中国乃至全世界现存最早、最完整、最全面介绍茶的专著，被誉为"茶叶百科全书"。它将普通茶事升格为一种美妙的文化艺术，不仅是一部精辟的农学著作，还是一部阐述茶文化的书，推动了中国茶文化的发展。

陆羽（733—804），字鸿渐，号竟陵子、桑苎翁、东冈子，又号"茶山御史"。唐朝复州竟陵（今湖北天门市）人。陆羽一生嗜茶，精于茶道，因著有世界第一部茶叶专著——《茶经》而闻名于世，对中国茶业

◆ 陆羽塑像

和世界茶业发展作出了卓越贡献，被誉为"茶仙"，尊为"茶圣"，祀为"茶神"。

据《新唐书》和《唐才子传》记载，陆羽因其相貌丑陋而成为弃儿，后来在湖北天门县西门外西湖之滨被当地龙盖寺智积禅师收养。陆羽在黄卷青灯、钟声梵音中学文识字，习诵佛经，还学会煮茶等事务。虽处佛门净土，日闻梵音，但陆羽并不愿皈依佛法，削发为僧。

12岁那年，陆羽乘人不备，逃出了龙盖寺。后来，陆羽结识了被贬的礼部郎中崔国辅，两人一见如故，常一起出游，品茶鉴水，谈诗论文。天宝十五年（756）陆羽为考察茶事，出游巴山峡川。唐肃宗乾元元年(758)，陆羽来到升州(今江苏南京)，寄居栖霞寺，钻研茶事。他对茶叶有浓厚的兴趣，长期进行调查研究，熟悉茶树栽培、育种和加工技术，并擅长品茗。唐上元元年(760)，陆羽从栖霞山麓来到苕溪(今浙江吴兴)。他隐居在山里，时常身着布衣草鞋在山林间穿行，采集茶叶、寻

觅山泉，取得了茶叶生产和制作的第一手资料，这些都为他著《茶经》奠定了基础。

780年，陆羽呕心三十载的《茶经》付梓，全书3卷，共7000余字，是唐代和唐以前有关茶叶的科学知识和实践经验的系统总结，是一部关于茶叶生产的历史、源流、现状、生产技术以及饮茶技艺、茶道原理的综合性论著。陆羽在各大茶区观察了茶叶的生长规律、观察了茶农对茶叶的加工，进一步分析了茶叶的品质的优劣，并学习了民间烹茶的良好方法的基础上总结出一套规律，他所创造的一套茶学、茶艺、茶道思想，在中国茶文化史上影响深远。

◆ 古代绘画《斗茶图》

◆ 《茶经》书影

延伸阅读

陆羽煎茶的故事

唐朝的代宗皇帝李豫喜欢品茶，宫中也常常有一些善于品茶的人供职。有一次，竟陵智积和尚被召到宫中。宫中煎茶能手，用上等茶叶煎出一碗茶，请智积品尝。智积饮了一口，便再也不尝第二口了。皇帝问他为何不饮，智积说："我所饮之茶，都是弟子陆羽为我煎的。饮过他煎的茶后，旁人煎的就觉淡而无味了。"

皇帝听罢，记在心里，事后便派人四处寻找陆羽，终于在吴兴县苕溪的天杼山上找到了他，并把他召到宫中，当即命他煎茶。陆羽立即将带来的清明前采制的紫笋茶精心煎制后，献给皇帝，果然茶香扑鼻，茶味鲜醇，清汤绿叶，与众不同。皇帝连忙命他再煎一碗，让宫女送到书房给智积去品尝，智积接过茶碗，喝了一口，连叫好茶，于是一饮而尽。他放下茶碗后，走出书房，连喊："渐儿何在？"皇帝忙问："你怎么知道陆羽来了呢？"智积答道："我刚才饮的茶，只有他才能煎得出来，当然是他到宫中来了。"

第五讲 农学耕种技术

农具发展的重大突破——曲辕犁

耕犁在农业生产中是最重要的整地农具，曲辕犁的出现在我国农具史上具有非常重大的意义，它是耕犁发展到唐代的一次重大突破，从此以后，曲辕犁就成为我国耕犁的主流。历经宋、元、明、清各代，耕犁的结构都没有明显的变化。

曲辕犁，也称东江犁，它是江南农民在长期的生产实践中创造出来的，最早出现于唐代后期的东江地区。自古以来，我国就是一个农业大国，历代统治者都很重视农业的发展和农具的创造更新。犁是人类早期耕地的农具，中国人大约自商代起使用耕牛拉犁，木身石铧。随着冶铁技术的广泛运用，战国时出现了铁犁铧，使农业发展进入了一个新的阶段。唐代曲辕犁的广泛推广，使中国在耕地农具方面达到了鼎盛时期，在技术上足足领先欧洲近2000年。

根据唐朝末年著名文学家陆龟蒙《耒耜经》记载，曲辕犁由11个部件组成，即犁铧、犁壁、犁底、压镵、策额、犁箭、犁辕、犁梢、犁评、犁建和犁盘。犁铧用以起土；犁壁用于翻土；犁底和压镵用以固定犁头；策额保护犁壁；犁箭和犁评用以调节耕地深浅；犁梢控制宽窄；

犁辕短而弯曲；犁盘可以转动。整个犁具有结构合理、使用轻便、回转灵活等特点，它的出现标志着传统的中国犁已基本定型。《耒耜经》对各种零部件的形状、大小、尺寸有详细记述，十分便于仿制和流传。后来曲辕犁的犁盘被进一步改进，出现了"二牛抬扛"，直到今天仍被一些地方运用。

在唐代之前，人们普遍使用的是笨重的长直辕犁，这种耕犁耕地时回头转弯不够灵活，起土费力，效率也不高。曲辕犁和以前的耕犁相比，有几处重大改进。

首先是将直辕、长辕改为曲辕、短辕，旧式犁长一般为今9尺左右，前及牛肩，曲

◆ 二牛耕地画像砖

辕犁长合今6尺左右，只及牛后。在辕头安装可以自由转动的犁盘，这样不仅使犁架变小变轻，而且便于调头和转弯，操作灵活，节省人力和畜力。由旧式犁的二牛抬杠变为一牛牵引。而且，由于占地面积小，这种犁特别适合在南方水田耕作，所以在江东地区得到推广。

其次是增加了犁评和犁建，如推进犁评，可使犁箭向下，犁铧入土则深。若提起犁评，使犁箭向上，犁铧入土则浅。将曲辕犁的犁评、犁箭和犁建三者有机地结合使用，便可适应深耕或浅耕的不同要求，并能使调节耕地深浅规范化，便于精耕细作。

曲辕犁还改进了犁壁。唐时犁壁呈圆形，因此又称犁镜。犁壁不仅能碎土，还可将翻起的土推到一旁，以减少前进阻力，而且能翻覆土块，以断绝草根的生长。曲辕犁结构完备，轻便省力，出现后很快就逐渐推广到了全国的各个地区，成为当时最先进的耕具。

唐代曲辕犁的设计较以前的直辕犁更加人性化，符合人机工程学要求。材料选用自然的木材，农民对木材特有的感情会使其在使用时有亲切感。设计上符合人机工程学的要求，主要体现在：通过犁梢的加长，使扶犁的人不必过于弯身；加大犁架的体积，便于控制曲辕犁的平衡，使其稳定。

另外，从经济性来说，唐代曲辕犁的设计，更经济实用，适合普通老百姓的购买和使用。用材主要是木材和铁，木材价格低廉，随处可取；当时铁已广泛用于各种器物

上，冶炼的技术被人普遍掌握；从结构上看，既简单又连接牢固。整体经济性好，便于普遍推广利用。

◆ 东汉《耰秧图》画像砖

唐代曲辕犁在我国古代农具发展史上有着重要的意义，影响深远。它不仅技术上在当时处于领先地位，而且设计精巧，造型优美。在当代农具的设计中，曲辕犁仍有着很好的借鉴意义。

延伸阅读

曲辕犁的美学分析

在曲辕犁中，犁辕的长度除了能满足分解牵引力的功能要求外，还兼顾了与整体犁架的比例。在满足基本功能的同时，以人的身高尺寸作为量度标准，其选择符合人机关系，以人为本。犁铧的尺度由耕地的深度、宽度来确定，它本身也有一定的长宽比例，并与犁架的比例相统一、相和谐。曲辕犁不仅有精巧的设计，并且还符合一定的美学规律，有一定的审美价值。犁辕有优美的曲线，犁铧有菱形的、V形的，在满足使用功能的同时还有良好的审美情趣。

第五讲 农学耕种技术

元代三大农书之冠——《王祯农书》

元朝时期，农业生产技术不断提高，生产经验更加丰富。《王祯农书》在继承前人农学研究成果的基础上，第一次对广义农业生产知识作了较全面系统的论述，在中国农学史上占有极其重要的地位。

王祯（1271—1330），字伯善，山东东平人，我国元代著名的农学家。据史料记载，王祯曾做过宣州旌德县和信州永丰县两任县尹。任职期间，他恪尽职守，公正无私，勤勉务实，经常将薪俸捐给地方兴办学校，修建桥梁，整修道路，施舍医药，教农民种植、树艺。时人颇有好评，称赞他"惠民有为"。

王祯任职的旌德县多山，耕地大部分是山地。有一年碰上旱灾，眼看禾苗都要旱

◆ 古代耙耢图

死，农民心急如焚。王祯看到旌德县许多河流溪涧有水，想起从家乡东平来旌德县的时候，在路上看到一种水转翻车，可以把水提灌到山地里。王祯立即画出图样，又召集木工、铁匠赶制，组织农民抗旱。就这样，水转翻车使旌德县几万亩山地的禾苗得救了。

王祯继承了中国传统的"农本"思想，他认为吃饭是百姓的头等大事，政府的首要政事就是抓农业生产。而他作为地方官，应该熟悉农业生产知识，否则就无法担负劝导农桑的责任，因此，他留心农事，处处观察，积累了丰富的农业知识。每到一地，就传播先进耕作技术，引进农作物的优良品种，推广先进农具。这些做法为后来撰写《农书》积累了丰富的材料。

《王祯农书》有两种版本，一种是37集本，包括"农桑通诀"6集、"百谷谱"11集、"农器图谱"20集。一种是22卷本，包括"农桑通诀"6卷、"谷谱"4卷、"农器图谱"12卷。两种本子的内容大体相

中华文化公开课

科技文化九讲

同，只是后者将谷谱由11集并为4卷、将农器图谱由20集并为12卷。全书约13.6万字，插图281幅，总结了元朝以前农业生产实践的丰富经验，对农业生产的发展和生产工具的改进作出了杰出的贡献，亦为中国最早的图文并茂的农具史料。

在农田灌溉方面

王祯在"农桑通诀"中专辟"灌溉篇"，把农田灌溉摆在重要地位。他通过追溯古代治水和修筑沟洫的情况，说明兴修农田水利是我国自古以来的优良传统；通过列举古代水利工程的遗迹，以及难以计数的中小型水利工程，说明"兴废修坏"是发展农田水利的重要途径；又介绍了多种引水方法，指出各种地势引水灌溉的方法；并总结了围田和圩田的经验，指出南方"水乡泽国"兴水利、除水害的途径。

在发展牧业方面

王祯总结了养马、牛、羊、猪、鸡、鹅、鸭的经验。在养马方面，王祯继承和发扬了"食有三刍，饮有三时"的经验。在养牛方面，王祯认为要养好牛，就要在"勿犯寒暑""勿使太劳""时其饥饱""节其作息"等方面下功夫。同时要准备充足的饲料，并及时为牛治病。在养蚕、养鱼、养蜂方面，王祯也总结了一些新经验。如养蚕，王祯总结了择种收种、保存蚕种、饲养管理、调节室温等经验。

王祯创制耕耘器具

刀，是开荒时走在犁的前面，用以割除

◆ 宋代农具 四齿铁耙

芦苇，清除障碍，提高工效的工具。铁耙，适应南方水田土壤的耕垦工具，一般具有六齿或四齿。秧马，能行于泥中，便于水田作业的工具。耘荡，适于水田中除草的耕耘工具。耘爪，用竹管加上铁尖套在手指上，用以耘田的工具。耧锄，华北平原用于畜力耕耘的器具，一天可耘田20亩，工效很高。砘车，在耧车后边配上石制砘车，能沿耧脚所开的沟进行镇压，使种土相亲，有利于发芽出苗。

延伸阅读

博学多识的农学家王祯

王祯不仅是一位出色的农学家，而且是一位精巧的机械设计制造家。他设计和绘制了大量复杂的农业机具图，并对一些早已失传的机械，多方征求研究，使其复原，有的还进行了改造。如东汉时南阳太守杜诗发明炼铁用的"水排"鼓风技术，到元代时已经失传，王祯经过长期反复研究，终于搞清了"水排"的构造原理，并绘制成图，载入"农器图谱"中。在复原过程中，他还把原来用皮囊鼓风，改为类似风箱的木扇鼓风。这既节省了费用，减轻了劳动强度，又提高了冶炼技术。这项复制和改革在我国古代冶铁史上有重大意义。

第五讲 农学耕种技术

纺织技术的传播——黄道婆的发明

黄道婆对棉纺织技术的革新，促进了棉纺织业生产力的提高，推动了松江地区纺织业的发展，同时也间接地推动了棉花种植业的发展，松江一度成为全国的棉纺织业中心。

黄道婆（1245—1330），又名黄婆，松江府乌泥泾镇(今上海市华泾镇)人，元代棉纺织家。她出身贫苦，生性刚强，因无法忍受公婆和丈夫的羞辱虐待而离家出走，远赴少数民族聚居的崖州。在黎族人民那里，黄道婆学会了先进的纺织技术。勤劳聪明的黄道婆很快成为当地有名的纺织能手，还和黎族姐妹一起改进纺织工具和纺织工艺，创造了许多新的花色。

在崖州生活了20多年后，由于思念故土，黄道婆告别黎乡，返回了阔别多年的故土。黄道婆重返故乡时，植棉业已经在长江流域大大普及，但纺织技术仍然很落后。她回来后，就致力于改革家乡落后的棉纺织生产工具。她毫无保留地把自己精湛的织造技术传授给故乡人民，以帮助他们摆脱贫困，过上幸福的生活。

制造轧棉机

黄道婆首先改革了擀籽工序。她先去了解之前人们是怎样去籽净棉的，妇女们苦恼地告诉她，还是用手指一个一个地剥。黄道婆说，从现在起，咱们改用新的擀籽法吧，便教大家一人持一根光滑的小铁棍儿，把籽棉放在硬而平的捶石上，用铁棍擀挤棉籽，试验以后，妇女们乐不可支地嚷着："一下子可以擀出七八个籽儿呀，再也不用手指头挨个儿数了！"

黄道婆见大伙高兴，也感到十分快

◆ 古代纺织图

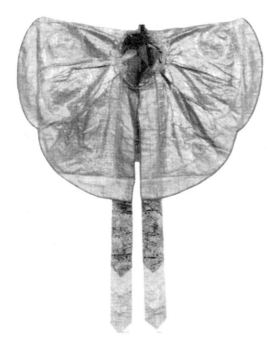

◆ 元代双带衣饰

活，但并不满足。她觉得，用手按着铁棍儿擀，还是比较费力的，便继续寻求新办法。忽然，她想到了黎族脚踏车的原理，心里豁然一亮，马上和伙伴商量试用这一原理制造轧棉机，白天黑夜都琢磨。最后，用四块木板装成木框，上面树立两根木柱，柱头镶在一根方木下面，柱中央装着带有曲柄的木铁二轴；铁轴比木轴直径小，两轴粗细不等，转动起来速度不同。黄道婆同两个姐妹，一个人向铁木二轴之间缝隙喂籽棉，两个人摇曲柄，结果，棉絮棉籽迅速分落两轴内外两侧。

创造三锭脚纺车

在纺纱工序上，黄道婆创造出三锭脚纺车，代替过去单锭手摇纺车。脚踏的力量大，还腾出了双手握棉抽纱，同时能纺三根纱，速度快、产量多，这在当时世界上是最先进的纺车，是一个了不起的技术革命。

改良织布机

在织布工序上，黄道婆对织布机也有一定的改革。她借鉴我国传统的丝织技术，汲取黎族人民织"崖州被"的方式，与乡亲们共同研究错纱配色、综线挈花等棉织技术，织成的被、褥、带、帨（手巾）等，上面有折枝、团凤、棋局、字样等花纹，鲜艳如画，"乌泥径被"名驰全国。

从黄道婆传授了新工具、新技术后，棉织业得到了迅速发展。到元末时，当地从事棉织业的居民有1000多家，到了明代，乌泥泾所在的松江，成了全国的棉织业中心，赢得了"衣被天下"的声誉。

延伸阅读

黄道婆的传说

黄道婆到崖州后，因为心灵手巧，很快就掌握了黎族的纺织技术和工艺，织出了色彩鲜艳、图案精美的桶裙、被面，令人赏心悦目，赞叹不已。她的名气很快就传遍了四面八方。当地的头人知道这个消息后，就命令黄道婆织出最美的崖州被献给皇帝。第二天，头人如愿以偿地拿到了美丽无比的崖州被，得意忘形地离开了。但是隔天早上，头人穿上入朝礼服准备起程上京献贡品时，却惊呆了：美丽的崖州被已经变成一幅粗黑布。头人气得发抖，命令马上把黄道婆抓来处死。

可是黄道婆早就逃跑了，谁也不知道她去了哪里。原来，黄道婆有意捉弄他，把容易变色的植物染料染上崖州被，当天看来十分鲜艳美丽，隔天却全变成了黑色。黄道婆知道头人一定会来抓她处罪，便在黎族姐妹的帮助下重返自己的家乡，把黎族的先进纺织技术传授给乡亲，并在原基础上加以改进，织出的产品驰名中外。

综合性农学著作——《农政全书》

《农政全书》是我国古代一部集大成的农业科学巨著，它不仅保存了大量古代农学资料，也丰富和发展了我国传统农学，对当时及后来的农业生产具有重要的指导作用。

徐光启（1562—1633），字子先，号玄扈，上海松江人，我国明代杰出的科学家。徐光启出生时，松江地区还不是城市而是乡村，四周都是种满庄稼的农田。徐光启小时候进学堂读书，就很留心观察周围的农事，对农业生产有着浓厚的兴趣。

徐光启自幼聪敏好学，活泼矫健，万历九年（1581），徐光启考中秀才，开始在家乡教书。他白天给学生们授课，晚上阅读古代农书、钻研农业生产技术。由于农业生产同天文历法、水利工程的关系非常密切，而天文历法、水利工程又离不开数学，他又进一步博览古代的天文历法、水利和数学著作。

1593年，徐光启受聘去韶州任教，接触到了传教士郭居静。在郭居静那儿，他第一次见到一幅世界地图，知道在中国之外竟有那么大的一个世界；又第一次听说地球是圆的，有个叫麦哲伦的西洋人乘船绕地球环行了一周；还第一次听说意大利科学家伽利略制造了天文望远镜，能清楚地观测天上星体的运行。所有这些，对他来

说，都是闻所未闻的新鲜事。后来，徐光启结识了罗马传教士利玛窦，开始跟他学习西方自然科学，并同利玛窦等人一起共

◆ 徐光启像

中华文化公开课

科技文化九讲

同翻译了《几何原本》、《泰西水法》等著作。

　　《农政全书》编著于天启五年至崇祯元年（1625—1628）间，在徐光启生前未能出版，是后来由他的学生陈子龙整理刊行的。《农政全书》是徐光启一生最杰出的作品，共60卷，50多万字，内容非常详尽。全书共分为农本、田制、农事、水利、农器、树艺、蚕桑、蚕桑广类、种植、牧养、制造、荒政等12个部分。这部书的篇幅之大，超过了《齐民要术》七倍，是我国古代农书中篇幅最大的一部。与以往的农书相比，这本书最大的特点是徐光启治国治民的"农政"思想，即重视对发展农业生产的有关政策、制度、措施的研究，特别是对屯垦、备荒、水利三个方面做了系统的阐述。

　　《农政全书》为后世保留了大量宝贵的文献资料，既沿用了前代农书中的大量资

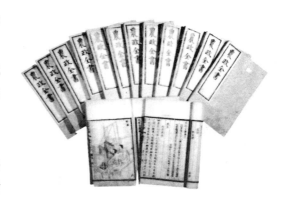

◆ 《农政全书》书影

料，系统地归纳了前人及当时的文献，同时又融入了自己的体会、科学观点及成果，拓宽了知识范围，增加了屯垦、荒政、水利等全新的内容。《农政全书》在我国农学遗产的宝库中极负盛誉，在世界上也颇具影响，它集中展现了当时我国在农业科学上所达到的成就。

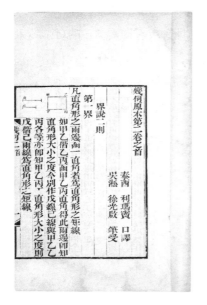

◆ 《几何原本》书影

延伸阅读

徐光启灭蝗

　　1626年夏天，江苏北部蝗灾蜂起。蝗群所过之处，苗谷尽空，大树也被啃得干干净净，好多地方绝收。这个时候，徐光启正因同僚倾轧，赋闲在家，听到这个消息，心如火焚，立即对危害农耕的蝗灾进行了研究。徐光启总结了农民灭蝗的经验，幼虫最易消灭，凡是蝗区，到了蝗虫滋生之时，必须组织人到河滩湖畔巡查，看到哪里有隆起的土堆，蠕动的幼虫，就要立即扑打，务必消灭殆尽。

　　徐光启想到，光凭一家一户，甚至一村一镇，是不可能组织起这样的行动的，必须官府与百姓全力以赴，才能收到预期的效果。徐光启写了《除蝗疏》，上书朝廷并向有关州县散发。凡是听了徐光启的办法并施行的地方，都收到了一定的效果。可惜，当时的明熹宗并没有接受徐光启的主张。所以，有的地区蝗灾依然很猖獗。

17世纪的工艺百科全书——《天工开物》

明代科学家宋应星著的《天工开物》是世界上第一部关于农业和手工业生产的综合性著作。它对中国古代的各项技术进行了系统的总结，构成了一个完整的科学技术体系，被国外誉为"中国17世纪的工艺百科全书"。

宋应星（1587—1661），字长庚，江西南昌奉新北乡（今宋埠乡）人，明末清初科学家。宋应星的曾祖父是南京吏、工、兵三部尚书，为官清正廉明，他的作风对宋氏后代有很大的影响。在书香门第长大的宋应星从小就聪颖好学，有过目不忘的本领，深得老师及长辈的喜爱。

后来，他与哥哥一起考入当地县学。但他个性活泼好动，对枯燥乏味的八股文很反感，反而对那些"旁门左道"的各种物件制作技术很感兴趣。有一次，他到一个朋友家做客。朋友家里摆满了各种大大小小、形状、颜色、图案都不一样的花瓶。宋应星立即对这些陶土制成的花瓶发生了兴趣，他不断问朋友花瓶的制作方法。朋友却摇头对他说："这些花瓶的制造方法，不过是雕虫小技罢了，不值得我们读书人学习。"宋应星却不这样想，他认为：我们对这些日常生活用品的制作方法都不了解，实在是太无知了，又怎么能把它们看成是雕虫小技呢？我一定要把它们搞懂。于是，他开始留心做各种技艺资料的收集和记录。

封建科举制度的弊端让宋应星的仕途一再受挫，经历了几次科举考试之后，宋应星就打消了做官的念头，体会到终生埋头书本而缺乏实际知识，是最大的无知。于是，他下定决心彻底放弃科举，转向实学，开始钻研与国计民生有切实关系的科学技术。多次的会试经历，虽然没有成全宋应星当官的愿望，但是在参加考试的途中，他行程数万里，

◆ 《耕织图》局部

a. 垦土拾镒　　b. 淘洗铁砂
c. 河池山锡　　d. 南丹水锡

◆ 《天工开物》书影

对南北各地的农业和手工业生产作了大量详细的科学考察，收集了丰富的资料。

　　崇祯八年(1635)，宋应星到袁州府分宜县当老师。这是宋应星一生中最重要的阶段，他的主要著作都在此期间撰写。他利用课余时间，及时记录下有关工农业生产的技术知识，这些都是《天工开物》创作的源泉。

　　《天工开物》详细叙述了各种农作物和工业原料的种类、产地、生产技术和工艺装备，以及一些生产组织经验，既有大量确切的数据，又绘制了123幅插图，描绘了130多项生产技术和工具的名称、形状、工序。全书分上、中、下3卷，又细分做18卷。上卷记载了谷物豆麻的栽培和加工方法，蚕丝

棉苎的纺织和染色技术，以及制盐、制糖工艺。中卷内容包括砖瓦、陶瓷的制作，车船的建造，金属的铸锻，煤炭、石灰、硫黄、白矾的开采和烧制，以及榨油、造纸方法等。下卷记述金属矿物的开采和冶炼，兵器的制造，颜料、酒曲的生产，以及珠玉的采集加工等。

　　《天工开物》是世界上第一部关于农业和手工业生产的综合著作，对中国古代的各项技术进行了系统的总结，构成一个完整的技术体系，受到高度评价。如法国的儒莲把《天工开物》称为"技术百科全书"，英国的达尔文称之为"权威著作"。20世纪以来，日本学者三枝博音称此书是"中国有代表性的技术书"，英国科学史家李约瑟博士把《天工开物》称为"中国的阿格里科拉和中国的狄德罗——宋应星写作的17世纪早期的重要工业技术著作"。

杂交水稻之父——袁隆平

袁隆平是中国杂交水稻研究的创始人，他成功地将水稻亩产从300公斤提高到了800公斤，产生了巨大的经济和社会效益，缓解了全世界的粮食危机，给人类带来了福音。袁隆平被誉为"当代神农氏""当今中国最著名的科学家"。

袁隆平（1930— ），江西省德安县人，中国杂交水稻育种专家，中国工程院院士。现任中国国家杂交水稻工作技术中心主任暨湖南杂交水稻研究中心主任、湖南农业大学教授、中国农业大学客座教授、联合国粮农组织首席顾问、世界华人健康饮食协会荣誉主席、湖南省科协副主席和湖南省政协副主席。2006年4月当选美国科学院外籍院士，被誉为"杂交水稻之父"。

1953年，袁隆平毕业于西南农学院。毕业后，一直从事农业教育及杂交水稻研究。

1960年7月的一天，袁隆平像往常一样来到校园外的早稻试验田观察，偶然发现了一株特殊的稻子：共有10余穗，每穗有160—170粒。第二年，他适时将这独特的种子播到试验田里，结果分离变异现象十分严重，原有的优势没有发挥出来。面对这一结果，袁隆平马上想到孟德尔、摩尔根的遗传理论，顿悟到：那是一株"天然杂交稻"！当时，杂交水稻研究是世界上公认的难题，并且全世界都流传着"水稻是自花授粉作物，不良基因早已淘汰，既然自交不退化，那么杂交就没有优势"的观点。但袁隆平并没有因这些固有的说法而退缩，他坚信杂交优势是生物界的普遍规律。

◆ 水稻插秧

1975年，由袁隆平任技术总顾问的杂交水稻试验田第一次获得成功，为1976年在全国大面积试种推广杂交水稻培育了大量的种子。到2000年，全国累计推广38亿亩，增产3600亿千克，并引起世界范围的关注，三系杂交水稻被誉为"东方魔稻"。

面对接踵而至的荣誉，袁隆平没有沉醉，依然探索不止。美国学者巴来伯格赞扬道："袁隆平赢得了中国可贵的时间，他增产的粮食实质上使人口增长率下降了。他在农业科学上的成就打败了饥饿的威胁；是他领导着人们走向丰衣足食的生活。"

◆ "杂交水稻之父"袁隆平（左）

从此，袁隆平开始了他的漫长的探索过程。夏季骄阳似火，正是南方水稻的扬花季节。袁隆平头顶烈日，脚踏烂泥，手拿放大镜，像猎手搜寻猎物一样，在安江农校农场的稻田里寻找水稻雄性不育植株。第一天、第二天、第三天都无所收获，两手空空。直到第14天，袁隆平才发现了第一株雄蕊退化的水稻不育株。在9个月时间里，他前后检查了1.4万余个稻穗，找到了六株雄性不育株，并对它们的杂交第一代和第二代进行了研究，向世界吹响了"绿色革命"的号角。

延伸阅读

袁隆平的金钱观念

如果袁隆平在刚开始研究杂交水稻时，只想着能赚多少钱，靠什么样的方法可使自己致富，能成为多少身价的富翁，那他就不是袁隆平了。袁隆平对于金钱的观念，一是不吝啬，二是不奢侈。在袁隆平看来，金钱的多少，无非是一个数字，他说："钱是要有的，要生活，要生存，没有钱，饭都吃不上，是不能生存的。但钱够一般日常生活开销，再小有积蓄就行了，对钱不能看得太重。"他几乎将在国际上获得的所有大奖的奖金都捐赠给了以他的名字命名的农业科技奖励基金会，以表彰和扶掖对农业科研有贡献的人。

第五讲 农学耕种技术

第六讲

数学计算技术

数学史上的伟大创造——算筹

算筹是中国古代的计算工具，它是世界数学史上的一个伟大创造。算筹记数法十分明确地体现了十进位值记数法，以其为基础发展出一整套筹算算法，开成了中国传统数学的独特风格，取得了许多辉煌的数学成就。

根据史书的记载和考古材料的发现，古代的算筹是一根根同样长短和粗细的小棍子，一般长为13—14cm，径粗0.2—0.3cm，多用竹子制成，也有用木头、兽骨、象牙、金属等材料制成的，大约270多枚为一束，放在一个布袋里，系在腰部随身携带。需要记数和计算的时候，就把它们取出来，放在桌上、炕上或地上都能摆弄。别看这些都是一根根不起眼的小棍子，在中国数学史上它们却是立有大功的。而它们的发明，也同样经历了一个漫长的历史发展过程。

古时候，有一个卖米商人去城里运货。天刚蒙蒙亮，人们都还在睡觉，他就急匆匆地出发了。走着走着，就到中午了，商人坐下来，休息了一会儿。这时，他忽然想起了一个问题，他的马车最多能运75袋米，现在马车上已经有34袋米了，最多还能运几袋米呢?商人想来想去，都不知道该运多少。

这时，有两根树枝从树上掉了下来，让商人有了一点启发:用5根树枝表示五袋米，

在用7根稍长一点的树枝表示70袋，并在下面摆3根大的树枝，4根小的树枝，再从5根树枝中拿出4根，7根树枝中拿出3根，就是41了! 原来最多能运41袋。商人知道了最多能运几袋，坐起身来，骑上马，继续向县城行驶。

这就是有关算筹发明的故事。在算筹计数法中，以纵横两种排列方式来表示单位数目的，其中1—5均分别以纵横方式排列相应数目的算筹来表示，6—9则以上面的算筹再加下面相应的算筹来表示。表示多位数时，

◆ 西安出土的西汉金属算筹

科技文化公开课

中华文化九讲

个位用纵式，十位用横式，百位用纵式，千位用横式，以此类推，遇零则置空。

为什么又要有纵式和横式两种不同的摆法呢？这就是因为十进位制的需要了。所谓十进位制，又称十进位值制，包含有两方面的含义。其一是"十进制"，即每满十数进一个单位，十个一进为十，十个十进为百，十个百进为千……其二是"位值制"，即每个数码所表示的数值，不仅取决于这个数码本身，而且取决于它在记数中所处的位置。如同样是一个数码"2"，放在个位上表示2，放在十位上就表示20，放在百位上就表示200，放在千位上就表示2000了。在我国商代的文字记数系统中，就已经有了十进位值制的萌芽，到了算筹记数和运算时，就更是标准的十进位值制了。

中国古代十进位制的算筹记数法在世界数学史上是一个伟大的创造，与世界其他古老民族的记数法相比较，其优越性是显而易见的。古罗马的数字系统没有位值制，只有七个基本符号，如要记稍大一点的数目就相当繁难。古美洲玛雅人虽然懂得位值制，但用的是20进位；古巴比伦人也知道位值制，但用的是60进位。20进位至少需要19个数码，60进位则需要59个数码，这就使记数和运算变得十分繁复，远

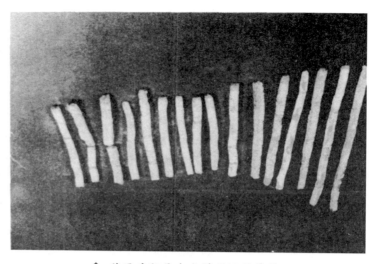

◆ 陕西千阳县出土的西汉骨算筹

不如只用9个数码便可表示任意自然数的十进位制来得简捷方便。

中国古代数学之所以在计算方面取得许多卓越的成就，在一定程度上应该归功于这一符合十进位制的算筹记数法。马克思在他的《数学手稿》一书中称十进位记数法为"最妙的发明之一"，确实是一点也不过分的。

延伸阅读

算筹与筹算

筹算是中国古代使用算筹进行计算的方法。它使用中国商代发明的十进位制计数，可以很方便地进行四则运算以及乘方、开方等较复杂运算，并可以对零、负数和分数作出表示与计算。从战国时期一直到明朝被珠算取代之前，筹算不但是中国古代进行日常计算的方法，更是中国古代数学家研究数学时常用的计算器具，是中国古代各种重要数学发明的基础，开创了中国古代以计算为中心的数学体系，与古希腊以逻辑推理为中心的数学体系有所不同。

第六讲 数学计算技术

古代数学发展的基础——《九章算术》

《九章算术》是我国流传至今最古老的数学专著之一，它是社会发展和数学知识长期积累的结果，它汇集了不同时期数学家的劳动成果。《九章算术》的完成奠定了中国古代数学发展的基础，在中国数学史上占有极为重要的地位。

刘徽，生于250年左右，三国后期魏国人，是中国古代杰出的数学家，也是中国古典数学理论的奠基者之一。刘徽的工作，不仅对中国古代数学发展产生了深远影响，而且也在世界数学史上确立了他崇高的历史地位。鉴于刘徽的巨大贡献，不少书上把他称作"中国数学史上的牛顿"。

刘徽的主要著作有：《九章算术》10卷；《重差术》即《海岛算经》1卷；《九章重差图》1卷。遗憾的是，后两本著作都在宋代失传。刘徽的数学成就大致为两个方面：一是理清了中国古代数学体系并奠定了它的理论基础；二是在继承前人成果的基础上提出了自己的创见。《九章算术》在数系理论、筹式演算理论、勾股理论、面积与体积理论以及割圆术与圆周率等方面已经形成了自己比较完整的理论体系。

《九章算术》是中国最重

要的一部经典数学著作，现传本《九章算术》共收集了246个应用问题和各种问题的解法，分别隶属于方田、粟米、衰分、少广、商功、均输、盈不足、方程、勾股九章。《九章算术》所包含的各种算法是汉朝数学家们在秦以前流传下来的数学基础上，适应当时的需要补充修订而成的。

《九章算术》不仅在中国数学史上具有重要地位，对世界数学的发展也有杰

◆ 《九章算术》书影

◆ 铜尺、骨尺

出的贡献。分数理论及其完整的算法，比例和比例分配算法，面积和体积算法，以及各类应用问题的解法，在书中的方田、粟米、衰分、商功、均输等章已有了相当详备的叙述。而少广、盈不足、方程、勾股等章中的开立方法、盈不足术（双假设法）、正负数概念、线性联立方程组解法、整数勾股弦的一般公式等内容都在世界数学史上处于领先地位。

在数系理论方面

刘徽用数的同类与异类阐述了通分、约分、四则运算，以及繁分数化简等的运算法则；在开方术的注释中，他从开方不尽的意义出发，论述了无理方根的存在，并引进了新数，创造了用十进分数无限逼近无理根的方法。

在筹式演算理论方面

刘徽赋予先给率以比较明确的定义，又以遍乘、通约、齐同等三种基本运算为基础，建立了数与式运算的统一的理论基础，他还用"率"来定义中国古代数学中的"方程"，即现代数学中线性方程组的增广矩阵。

在勾股理论方面

刘徽逐一论证了有关勾股定理与解勾股形的计算原理，建立了相似勾股形理论，发展了勾股测量术，通过对"勾中容横"与"股中容直"之类的典型图形的论析，形成了中国特色的相似理论。

割圆术与圆周率

刘徽在《九章算术·圆田术》注中，用割圆术证明了圆面积的精确公式，并给出了计算圆周率的科学方法。他首先从圆内接六边形开始割圆，每次边数倍增，算到192边形的面积，得到 $\pi=157/50=3.14$，又算到3072边形的面积，得到 $\pi=3927/1250=3.1416$，称为"徽率"。

第六讲 数学计算技术

世界上第一个最精密的圆周率

祖冲之不但精通天文、历法，他在数学方面的贡献，特别对"圆周率"研究的杰出成就，更是超越前代。祖冲之算出的圆周率精确到小数点以后7位，成为当时最先进的成就，他创造的世界记录到15世纪才由阿拉伯数学家卡西打破。

求算圆周率的值是数学中一个非常重要也是非常困难的研究课题。中国古代许多数学家都致力于圆周率的计算，而公元5世纪祖冲之所取得的成就可以说是圆周率计算的一个跃进。要作出这样精密的计算，是一项极为细致而艰巨的脑力劳动，祖冲之为此付出了艰苦卓绝的努力。

有一天，祖冲之正在翻阅刘徽给《九章算术》作的注解，他被刘徽用高度的抽象概括力建立的"割圆术"与极限观念所折服，不禁拍案叫绝。连连称赞："真了不起！真了不起！"在一边专心致志看书的儿子祖暅被这突如其来的声音所震动，忙问："父亲，谁了不起了？""我说刘徽了不起。"祖冲之的眼睛仍然停留在竹简上。"刘徽是谁？"当时只有十一二岁的祖暅还不知道刘徽是个什么样的人。"三国时代的科学家。""他有什么地方了不起呢？""他用极限观念建立了割圆术。""割圆术？"祖暅茫茫然地望着父亲。

"你看！"祖冲之指着手中拿着的竹简，滔滔不绝的给儿子讲着。"刘徽提出：在圆内作一个正六边形，每边和半径相等。

然后把六边所对的六段弧线一一平分。作出一个正十二边形。这个十二边形的边长总加起来比六边形的边长的总和要大，比较接近圆周，但仍比圆周短。刘徽认为，用同样方法，作出二十四边形。那周长总和又增加了，又接近圆周了。这样一直把圆周分割下去，割得越细，和圆周相差越少，割而又割，直到不可再割的时候，这个无限边形就和圆周密合为一，完全相等了。刘徽用割圆术计算了六边、十二边、二十四边、四十八边，一直计算到九十六边形的边长之和，得出圆周是直径的3.14。"

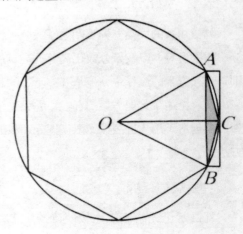

◆ 割圆术示意图

科技文化公开课

中华文化九讲

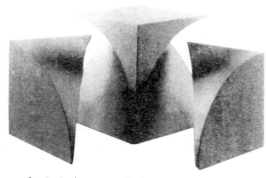

◆ 祖暅在开立圆术中设计的立体模型

祖冲之把刘徽计算圆周率的"割圆术"讲给儿子听，祖暅虽然似懂非懂，但也引起了他无限的兴趣。"刘徽真了不起！真行！"祖冲之听着孩子的话，沉思片刻说："我告诉你吧，刘徽算出的圆周率，其实他自己也不满意。他声明：实际的圆周率应该比3.14稍大。如果他继续'割而又割'地割下去。就会算得更精确。""那我们来继续'割而又割'，行吗？"祖暅问了一句。"行呀，我们可以算出更精确的圆周率！这就需要我们付出更为艰巨的劳动！"

这一夜，父子俩久久未能入睡。枯燥无味的数学却引来了儿子无限的兴趣，丰富的幻想；祖冲之则盘算着如何去消化前人的成果，开拓数学研究的新路。

461年，祖冲之被派在刘子鸾手下做一个小官。他始终没放松对科学技术的钻研，每天早上都得进宫办事，下午一回来，就一头钻进书房，有时甚至忘了吃晚饭，忘了休息。年幼的儿子，被他父亲的这种孜孜不倦，废寝忘食的刻苦攻关精神所感动。

一天，祖冲之早上进宫办完杂事，就匆匆赶回了家，在书房的地板上画了一个直径一丈的大圆，运用 "割圆术"的计算方法，在圆内先作了一个正六边形。他们的工作就这样开始了。日复一日，不论是酷暑，还是严寒，从不间断地辛勤地计算着……

祖冲之为了求出最精密的圆周率，对九位数进行包括加减乘除及开方等运算130次以上。这样艰巨复杂的计算，在当时没有算盘，只靠一些被称作"算筹"的小竹棍，摆成纵横不同的形状，用来表示各种数目，然后进行计算，这不仅需要掌握纯熟的理论和技巧，更需具备踏踏实实、一丝不苟的严谨态度，不惜付出艰巨的劳动代价，才能取得杰出的成就。经过艰苦的计算，祖冲之终于得出较精确的圆周如直径为1，圆周大于3.1415926，小于3.1415927。

祖冲之经过刻苦钻研，继承和发展了前辈科学家的优秀成果。祖冲之求出的圆周率，精确到小数点后七位，这在当时全世界上只有他一人。祖冲之对圆周率数值的精确推算值，用他的名字命名为"祖冲之圆周率"，简称"祖率"。

延伸阅读

"祖暅原理"的发明

祖冲之与他的儿子祖暅一起，用巧妙的方法解决了球体体积的计算。他们当时采用的一条原理是："幂势既同，则积不容异。"意思是，位于两个平行平面之间的两个立体，被任一平行于这两个平面的平面所截，如果两个截面的面积恒相等，则这两个立体的体积相等。这一原理，在西方被称为卡瓦列利原理，但这是在祖氏以后一千多年才由卡氏发现的。为了纪念祖氏父子发现这一原理的重大贡献，大家也称这一原理为"祖暅原理"。

数学家秦九韶的科学成就

秦九韶是我国宋代著名的数学家，他所著的《数书九章》是一部划时代的巨著。另外，秦九韶的"大衍求一术"是中世纪世界数学的最高成就，比西方1801年著名数学家高斯建立的同余理论早554年，被西方称为"中国剩余定理"，秦九韶也因此被康托尔称为"最幸运的天才"。

秦九韶（1202—1261），字道古，安岳人，我国宋代著名的数学家。秦九韶自幼聪敏好学，尤其是在数学学科上，他更是表现出了高度的兴趣和热爱。宋绍定四年（1231），秦九韶考中进士，曾担任县尉、通判、参议官、州守、同农、寺丞等职，先后在湖北、安徽、江苏、浙江等地做官。他在政务之余，对数学进行潜心钻研，并广泛搜集历学、数学、星象、音律、营造等资料，进行分析、研究。

宋淳佑四至七年（1244—1247），他在为母亲守孝时，把长期积累的数学知识和研究所得加以编辑，写成了《数书九章》一书，并创造了"大衍求一术"。这不仅在当时处于世界领先地位，在近代数学和现代电子计算设计中，也起到了重要作用，被称为"中国剩余定理"。他所论的"正负开方术"，被称为"秦九韶程序"。现在，世界各国从小学、中学到大学的数学课程，几乎都要接触到他的定理、定律和解题原则。

划时代巨著《数书九章》

《数学九章》共9章18卷，九章即九类："大衍类""天时类""田域类""测望类""赋役类""钱谷类""营建类""军旅类""市物类"，每类9题共计81题。该书内容丰富之极，上至天文、星象、历律、测候，下至河道、水利、建筑、运输，各种几何图形和体积，钱谷、赋役、市场、牙厘的计算和互易。许多计算方法和经验常数直到现在仍有很高的参考价值和实践意义，被誉为"算中宝典"。

◆ 秦九韶像

◆ 秦九韶纪念馆

此书不仅代表着当时中国数学的先进水平，也是中世纪世界数学的最高水平。我国数学史家梁宗巨评价道："秦九韶的《数书九章》是一部划时代的巨著，内容丰富，精湛绝伦。特别是大衍求一术及高次代数方程的数值解法，在世界数学史上占有崇高的地位。那时欧洲漫长的黑夜犹未结束，中国人的创造却像旭日一般在东方发出万丈光芒。"

中国剩余定理 ——大衍求一术

秦九韶所发明的"大衍求一术"，即现代数论中一次同余式组解法，是中世纪世界数学的最高成就，比西方1801年著名数学家高斯建立的同余理论早554年，被西方称为"中国剩余定理"。秦九韶不仅为中国赢得无尚荣誉，也为世界数学作出了杰出贡献。

任意次方程的数值解

秦九韶在《数书九章》中除"大衍求

一术"外，还创拟了正负开方术，即任意高次方程的数值解法，也是中世纪世界数学的最高成就，秦九韶所发明的此项成果比1819年英国人霍纳的同样解法早572年。秦九韶的正负开方术，列算式时，提出"商常为正，实常为负，从常为正，益常为负"的原则，纯用代数加法，给出统一的运算规律，并且扩充到任何高次方程中去。

此外，秦九韶还改进了一次方程组的解法，用互乘对减法消元，与现今的加减消元法完全一致；同时秦九韶又给出了筹算的草式，可使它扩充到一般线性方程中的解法。秦九韶还创用了"三斜求积术"等，给出了已知三角形三边求三角形面积公式，与海伦公式完全一致。

知识小百科

秦九韶纪念馆

秦九韶纪念馆座落在四川省安岳县城南郊1公里的云居山腰，紧邻旅游景点圆觉洞。占地面积6561平方米，建筑面积1538平方米，为仿宋古建筑，整个建筑典雅别致。1998年9月正式开工，2000年12月竣工落成。

南宋杰出的数学家——杨辉

> 杨辉是世界上第一个排出丰富的纵横图和讨论其构成规律的数学家，他给出的纵横图的编造方法，打破了幻方的神秘性，也是世界上对幻方最早的系统研究和记录。杨辉的数学成就极大地丰富了我国古代数学宝库，为数学科学的发展作出了卓越的贡献，不愧为"宋元四大家"之一。

杨辉，生卒年不详，字谦光，浙江钱塘(今杭州)人，南宋时期杰出的数学家和数学教育家。杨辉担任过南宋地方行政官员，为政清廉，足迹遍及苏杭一带，杨辉一生留下了大量的著述，它们是：《详解九章算法》12卷、《日用算法》2卷、《乘除通变本末》3卷、《田亩比类乘除捷法》2卷、《续古摘奇算法》2卷，其中后三种为杨辉后期所著，一般称之为《杨辉算法》。杨辉的数学研究与教育工作的重点是在计算技术方面，他对筹算乘除捷算法进行总结和发展，有的还编成了歌诀，如九归口诀。

杨辉一生最杰出的成就是排出了丰富的纵横图并讨论了它的构成规律。说起杨辉的这一成就，还得从偶然的一件小事说起。

一天，台州府的地方官杨辉出外巡游，路上，前面铜锣开道，后面衙役殿后，中间，大轿抬起，好不威风。走着走着，只见开道的镗锣停了下来，前面传来孩童的大声喊叫声，接着是衙役恶狠狠的训斥声。杨辉忙问怎么回事，差人来报："孩童不让过，说等他把题目算完后才让走，要不就绕道。"

杨辉一看来了兴趣，连忙下轿抬步，来到前面。衙役急忙说："是不是把这孩童哄走？"

杨辉摸着孩童头说："为何不让本官从此处经过？"

孩童答道："不是不让经过，我是怕你们把我的算式踩掉，我又想不起来了。"

"什么算式？"

"就是把1到9的数字分三行排列，不论直着加，横着加，还是斜着加，结果都是

◆《详解九章算法》书影

◆ 华罗庚著《从杨辉三角谈起》书影

数图""九九图""百子图"等许多类似的图。杨辉把这些图总称为纵横图，并于1275年写进自己的数学著作《续古摘奇算法》一书中，流传后世。他是世界上第一个给出了如此丰富的纵横图和讨论了其构成规律的数学家。

杨辉不仅是一位著述甚丰的数学家，而且还是一位杰出的数学教育家。他一生致力于数学教育和数学普及，其著述有很多是为了数学教育和普及而写。《算法通变本末》中载有杨辉专门为初学者制订的"习算纲目"，它集中体现了杨辉的数学教育思想和方法。

等于15。我们先生让下午一定要把这道题做好。我正算到关键之处。"

杨辉连忙蹲下身，仔细地看那孩童的算式，觉得这个数字，从哪见过，仔细一想，原来是西汉学者戴德编纂的《大戴礼记》中提及的。杨辉和孩童俩人连忙一起算了起来，直到天已过午，俩人才舒了一口气，结果出来了，他们又验算了一下，结果全是15，这才站了起来。

杨辉回到家中，反复琢磨，一有空闲就在桌上摆弄着这些数字，终于发现一条规律。一开始将九个数字从大到小斜排三行，然后将9和1对换，左边7和右边3对换，最后将位于四角的4、2、6、8分别向外移动，排成纵横三行，就构成了九宫图。后来，杨辉又将散见于前人著作和流传于民间的有关这类问题加以整理，得到了"五五图""六六图""衍数图""易

知识小百科

杨辉三角

杨辉在《详解九章算法》一书中还画了一张表示二项式展开后的系数构成的三角图形，称做"开方做法本源"，现在简称为"杨辉三角"。

杨辉三角是一个由数字排列成的三角形数表，一般形式如下：

```
1
1 1
1 2 1
1 3 3 1
1 4 6 4 1
1 5 10 10 5 1
1 6 15 20 15 6 1
......
```

杨辉三角最本质的特征是，它的两条斜边都是由数字1组成的，而其余的数则是等于它肩上的两个数之和。后来人们发现，这个大三角形不仅可以用来开方和解方程，而且与组合、高阶等差级数、内插法等数学知识都有密切关系。在西方，直到16世纪才有人在一本书的封面上绘出类似的图形。法国数学家巴斯加在1654年的论文中详细地讨论了这个图形的性质，所以在西方又称"巴斯加三角"。

朱世杰和他的《四元玉鉴》

朱世杰是我国元代杰出的数学家，他全面继承了秦九韶、李冶、杨辉的数学成就，并给予创造性的发展，写出了《算学启蒙》《四元玉鉴》等著名作品，把我国古代数学推向更高的境界，形成了宋元时期中国数学的最高峰。

朱世杰，生平不详，字汉卿，号松庭，燕山（今北京）人，元朝杰出的数学家。他长期从事数学研究和教育事业，主要著作有《四元玉鉴》和《算学启蒙》。

13世纪末，中国为元朝所统一，遭到破坏的经济和文化又很快繁荣起来。蒙古统治者为了兴邦安国，开始尊重知识，大量选拔人才，把各学科的发展推向了新的高峰。

当时忽必烈网罗了一大批汉族知识分子组成智囊团，其中就有王恂、郭守敬、李冶等人，这个智囊团中的人物，对数学和历法都很精通。

这时的朱世杰也继承了北方数学的主要成就——天元术，并将其由二元、三元推广至四元方程组的解法。朱世杰除了接受北方的数学成就之外，他还吸收了南方的数学成就，尤其是各种日用算法、商用算术和通俗化的歌诀等等。

在元灭南宋以前，南北之间的交往，特别是学术上的交往几乎是断绝的。南方的数学家对北方的天元术毫无所知，而北方的数学家也很少受到南方的影响。朱世杰曾

"周游四方"，经过20多年的游学、讲学等活动，他终于在1299年和1303年，在扬州刊刻了他的两部数学杰作——《算学启蒙》和《四元玉鉴》。

《算学启蒙》包括了从乘除法运算及其捷算法到开方、天元术、方程术等当时数学

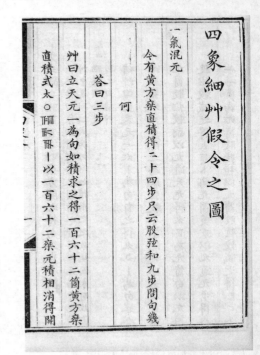

◆《四元玉鉴》书影

◆ 《算学启蒙》书影，记载了九归除法。

各方面的内容，由浅入深，形成了一个较完整的体系。正文前，列出了九九歌诀、归除歌诀、斤两化零歌、筹算识位制度、大小数进位法、度量衡制度、圆周诸率、正负数加减乘法法则、开方法则等18条作为总括，作为全书的预备知识，其中正负数乘法法则不仅在中国数学著作中，在世界上也是首次出现。许多歌诀比杨辉的更加完整准确，有的已与现代珠算口诀几乎完全一致。

《四元玉鉴》是朱世杰最杰出的作品，在这部书中记载了他对多元高次方程组解法、高阶等差级数求和、高次内插法等问题的见解，受到近代数学史研究者的高度评价，认为是中国古代数学科学著作中最重要的、最有贡献的一部数学名著。

朱世杰的另一重大贡献是对于"垛积术"的研究。他对于一系列新的垛形的级数求和问题作了研究，从中归纳出"三角垛"的公式，实际上得到了这一类任意高阶等差级数求和问题的系统、普遍的解法。朱世杰还把三角垛公式引用到"招差术"中，指出招差公式中的系数恰好依次是各三角垛的积，这样就得到了包含有四次差的招差公式。他还把这个招差公式推广为包含任意高次差的招差公式，这在世界数学史上是第一次。

在中国数学史上，朱世杰第一次正式提出了正负数乘法的正确法则；他对球体表面积的计算问题作了探讨，这是我国古代数学典籍中唯一的一次讨论，结论虽不正确，但创新精神是可贵的。在《算学启蒙》中，他记载了完整的"九归除法"口诀，和现在流传的珠算归除口诀几乎完全一致。

总之，朱世杰继承和发展了前人的数学成就，为推进我国古代数学科学的发展作出了不可磨灭的贡献。朱世杰不愧是我国乃至世界数学史上负有盛名的数学家。

专家点评

美国已故的著名科学史家萨顿是这样评说朱世杰的："朱世杰是中华民族的、他所生活的时代的、同时也是贯穿古今的一位最杰出的数学科学家。《四元玉鉴》是中国数学著作中最重要的，同时也是中世纪最杰出的数学著作之一。它是世界数学宝库中不可多得的瑰宝。"

近代数学教育的鼻祖——李善兰

　　李善兰是将解析几何、微积分、哥白尼日心说、牛顿力学、近代植物学传入中国的第一人，为近代科学在中国的传播和发展作出了开创性的贡献。在任北京同文馆天文算学总教习期间，审定了《同文馆算学课艺》《同文馆珠算金铖》等数学教材，培养了一大批数学人才，是中国近代数学教育的鼻祖。

　　李善兰(1811—1882)，字壬叔，号秋纫，又名心兰，清代浙江海宁硖石镇人，我国清代数学家、天文学家、力学家、植物学家，曾任户部郎中、广东司行走、总理各国事务衙门章京等职。李善兰出身于书香世家，自幼就读于私塾，受到了良好的家庭教育。他资禀颖异，勤奋好学，于所读之诗书，过目即能成诵。9岁时，李善兰发现父亲的书架上有一本中国古代数学名著《九章算术》，感到十分新奇有趣，从此迷上了数学。

　　14岁时，李善兰又靠自学读懂了欧几里得《几何原本》前六卷，这是明末徐光启与意大利传教士利玛窦合译的古希腊数学名著。欧氏几何严密的逻辑体系，清晰的数学推理，与偏重实用解法和计算技巧的中国古代传统数学思路迥异。李善兰在《九章算术》的基础上，又吸取了《几何原本》的新思想，这使他的数学造诣日趋精深。

　　几年后，作为州县的生员，李善兰到省府杭州参加乡试。因为他"于辞章训诂之学，虽皆涉猎，然好之总不及算学，故于算学用心极深"，结果八股文章做得不好，落第。但他却毫不介意，而是利用在杭州的机会，留意搜寻各种数学书籍，买回了李冶的《测圆海镜》和戴震的《勾股割圆记》，仔细研读，使他的数学水平

◆ 李善兰像

中华文化公开课

科技文化九讲

◆ 李善兰在同文馆与他的学生们合影

有了更大提高。1845年前后就发表了具有解析几何思想和微积分方法的数学研究成果——"尖锥术"。

咸丰二年（1852），李善兰到上海，参加墨海书馆的编辑工作，与英国人伟烈亚力、艾约瑟等交游，共同研讨科学问题，并与伟烈亚力一起翻译了欧几里得《几何原本》后七卷。同时又与艾约瑟合作，翻译英国力学家胡威立的《重学》。李善兰的翻译工作是有独创性的，他创译了许多科学名词，如"代数""函数""方程式""微分""积分""级数""植物""细胞"等，匠心独运，切贴恰当，不仅在中国流传，而且东渡日本，沿用至今。

继梅文鼎之后，李善兰成为清代数学史上的又一杰出代表。他一生翻译西方科技书籍甚多，将近代科学最主要的几门知识从天文学到植物细胞学的最新成果介绍传入中国，对促进近代科学的发展作出卓越贡献。

1868年，李善兰被推荐到北京同文馆任天文算学总教习，从事数学教育十余年，其间审定了《同文馆算学课艺》《同文馆珠算金鍼》等数学教材，培养了一大批数学人才，是中国近代数学教育的鼻祖。

知识小百科

"尖锥术"

李善兰创造的"尖锥术"，是具有中国传统数学特色的解析几何和微积分，是用尖锥的面积来表示 X^n，用求诸尖锥之和的方法来解决各种数学问题的一种手段。当时的中国数学界，除了见到零星几个由传教士带进来的三角函数无穷级数表达式和对数计算方法之外，其余则一概不知。就是这些公式和方法，也只有结论，没有推导的过程和计算的原理。在这种情况下，李善兰通过自己的刻苦钻研，在中国传统数学中垛积术和无穷小极限方法的基础上，发明尖锥术，不仅创立了二次平方根的幂级数展开式，各种三角函数、反三角函数和对数函数的幂级数展开式，而且还具备了解析几何思想和一些重要定积分公式的雏型。这是非常了不起的成就。

世界著名的数学家——华罗庚

华罗庚是世界著名的数学家，他是中国解析数论、典型群、矩阵几何学、自守函数论与多复变函数论等很多方面研究的创始人与开拓者，为中国数学的发展作出了举世瞩目的贡献，被誉为"人民科学家"。

华罗庚（1910—1985），江苏金坛人，中国杰出的数学科学家。华罗庚出生于一个小商人家庭，他12岁从县城仁劬小学毕业后，进入金坛县立初级中学学习。

1925年，华罗庚初中毕业，因家境贫寒，无力进入高中学习，只好到黄炎培在上海创办的中华职业学校学习会计。不到一年，由于生活费用昂贵，华罗庚被迫中途辍学，回到金坛帮助父亲经营一间杂货铺。在单调的站柜台生活中，他一面帮助父亲干活、记账，一面继续钻研数学。有时入了迷，他竟忘了接待顾客，甚至把算题结果当作顾客应付的货款。因为经常发生类似的事情，时间久了，街坊邻居都传为笑谈，大家给他起了个绰号，叫"罗呆子"。每逢遇到怠慢顾客的事情发生，父亲就说他念"天书"念呆了，要强行把书烧掉。争执发生时，华罗庚总是死死地抱着书不放。当时，他的数学书仅有一本《代数》、一本《几何》和一本缺页的《微积分》。

有志者事竟成。1930年春，华罗庚的论文《苏家驹之代数的五次方程式解法不能成立的理由》在上海《科学》杂志上发表，得到了清华大学数学系主任熊庆来教授的高度赞扬，华罗庚也因此获得了在清华学习的机会并被派往英国剑桥大学留学。

新中国成立后，华罗庚回到了清华大学，担任数学系主任，在数学领域取得了辉煌的成就。他的论文《典型域上的多元复变

◆ 华罗庚蜡像

科技文化公开课
中华文化九讲

◆ 《数学导论》书影

的统筹法和优选法是在工农业生产中能够比较普遍应用的方法，可以提高工作效率，改变工作管理面貌。于是，他一面在科技大学讲课，一面带领学生到工农业实践中去推广优选法、统筹法，取得了很大的经济效益和社会效益。

华罗庚一生在数学上的成就是巨大的，他在数论、矩阵几何学、典型群、自守函数论、多个复变函数论、偏微分方程及高维数值积分等很多领域都作出了卓越的贡献。他之所以有这样大的成就，主要在于他有一颗赤诚的爱国报国之心和坚忍不拔的创新精神。正因为如此，他才能够毅然放弃美国终身教授的优厚待遇，迎接祖国的黎明；他才能够顶住非议和打击，奋发有为，成为蜚声中外的杰出科学家。

函数论》于1957年1月获国家发明一等奖，并先后出版了中、俄、英文版；1957年出版《数论导引》；1959年首先用德文出版了《指数和的估计及其在数论中的应用》，又先后出版了俄文版和中文版；1963年他和他的学生万哲先合写的《典型群》一书出版。他还写了一系列数学通俗读物，在青少年中影响极大。他主张在科学研究中要培养学术空气，开展学术讨论。他发起创建了我国的计算机技术研究所，也是我国最早主张研制电子计算机的科学家之一。

1958年，华罗庚被任命为中国科技大学副校长兼应用数学系主任。在继续从事数学理论研究的同时，他努力尝试寻找一条数学和工农业实践相结合的道路。他发现数学中

延伸阅读

少年华罗庚的故事

华罗庚在少年时代就非常注意对数学问题的研究。有一次，华罗庚和同学们在河边放风筝，放得正高兴的时候，忽然一阵大风刮断了风筝线，断线的风筝像一个醉汉跌落到河对岸，同学们奔跑着把风筝拉回来，重放。

这时华罗庚却站在一旁，一动不动地陷入了沉思，从风筝线的长度和地面的夹角能够算出风筝的高度，那么从风筝的高度和它落地的时间，能不能测算出风的速度呢？

于是他兴致勃勃地把风筝升到高空，然后再把风筝线剪断，让风筝自由飘落，计算着风速。结果与他的设想完全相同。

第六讲　数学计算技术

当代杰出的数学科学家——陈景润

陈景润是我国当代杰出的数学科学家，他打开了200多年来一直无人能够打开的"哥德巴赫猜想"的奥秘之门，被称为攻克"哥德巴赫猜想"的第一人，受到世界数学界的高度重视和称赞，是中国人民的骄傲。

陈景润（1933—1996），福建省闽侯人，世界著名数学家。陈景润自幼家境贫寒，学习刻苦，他在小学读书时，就对数学情有独钟。一有时间就演算习题，在学校里成了个"小数学迷"。

陈景润在福州英华中学读书时，有幸聆听了清华大学调来的一名很有学问的数学教师沈元讲课。他给同学们讲了一道世界数学难题："大约在200年前，一位名叫哥德巴赫的德国数学家提出'任何一个偶数均可表示为两个素数之和'，简称1＋1。他一生也没证明出来，便给俄国圣彼得堡的数学家欧拉写信，请他帮助证明这道难题。欧拉接到信后，就着手计算。他费尽了脑筋，直到离开人世，也没有证明出来。之后，哥德巴赫带着一生的遗憾也离开了人世，却留下了这道数学难题。200多年来，这个哥德巴赫猜想之谜吸引了众多的数学家，从而使它成为世界数学界一大悬案。"老师讲到这里还打了一个有趣的比喻，数学是自然科学的皇后，"哥德巴赫猜想"则是皇后王冠上的明珠！这则引人入胜的故事给陈景润留下了深刻的印象，"哥德巴赫猜想"像磁石一般吸引着陈景润。从此，陈景润开始了摘取数学"王冠上的明珠"的艰辛历程。

1953年，陈景润毕业于厦门大学数学系，留校当了一名图书馆的资料员，除整理图书资料外，还担负着为

◆ 陈景润铜像

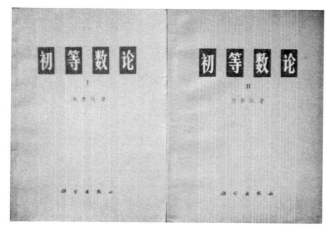

◆ 陈景润著《初等数论》书影

数学系学生批改作业的工作。尽管工作繁忙，他仍然坚持不懈地钻研数学科学。陈景润对数学论有浓厚的兴趣，利用一切可以利用的时间系统地阅读了数学家华罗庚的专著。陈景润为了能直接阅读外国资料，掌握最新信息，在学习英语的同时又攻读了俄语、德语、法语、日语、意大利语和西班牙语。学习这些外语对一个数学家来说已是一个惊人突破，但对陈景润来说只是万里长征迈出的第一步。

为了使自己梦想成真，陈景润不管是酷暑还是严冬，在那不足6平方米的斗室里，食不知味，夜不能眠，潜心钻研，光是计算的草纸就足足装了几麻袋。1957年，陈景润被调到中国科学院数学研究所工作，他更加刻苦钻研。经过10多年的推算，1966年5月陈景润发表了《大偶数为一个素数及一个不超过两个素数的乘积之和》（简称"1+2"）。论文的发表，受到世界数学界和国际知名数学家的高度重视和称赞，成为哥德巴赫猜想研究上的里程碑。陈景润也

因此被称为"攻克'哥德巴赫猜想'的第一人"，英国数学家哈伯斯坦和德国数学家黎希特把陈景润的论文写进数学书中，称为"陈氏定理"。

此外，陈景润曾任中国科学院数学研究所研究员、所学术委员会委员兼贵阳民族学院、河南大学、青岛大学、华中工学院、福建师范大学等校教授，国家科委数学学科组成员，《数学季刊》主编等职。共发表研究论文 70 余篇，并有《数学趣味谈》、《组合数学》等著作。

2009年9月14日，他被评为100位新中国成立以来感动中国人物之一。

延伸阅读

陈景润的爱国故事

1977年，国际数学家联合会主席写信邀请陈景润出席国际数学家大会。这次大会有3000人参加，大会共指定了10位数学家作学术报告，其中就有陈景润。这对一位数学家而言是极大的荣誉，可以提高陈景润在国际上的知名度。

陈景润经过慎重考虑，给国际数学家联合会主席回信说："第一，我们国家历来是重视跟世界各国发展学术交流与友好关系的，我个人非常感谢国际数学家联合会主席的邀请。第二，世界上只有一个中国，唯一能代表中国广大人民利益的是中华人民共和国，台湾是中华人民共和国不可分割的一部分。因为目前台湾占据着国际数学家联合会我国的席位，所以我不能出席。第三，如果中国只有一个代表的话，我是可以考虑参加这次会议的。"为了维护祖国的尊严，陈景润放弃了这次难得的机会。

第七讲

物理化学技术

物理学成就的汇集——《墨经》

《墨经》记录了后期墨家思想的精华，是战国时代我国自然科学和手工业生产技术知识的光辉记录，也是世界上最早的有关物理学基本理论的著作。

墨子（约前468—前376），名翟，鲁国人，战国时期著名的思想家、教育家、科学家，墨家学派的创始人。墨子是一个制造机械的手工业者，精通木工。墨子一派中人多数是直接参加劳动的，接近自然，热心于对自然科学的研究，又有比较正确的认识论和方法论的思想，他们把自己的科学知识、言论、主张、活动等集中起来，汇编成《墨子》。

《墨经》是墨家著作总集《墨子》中的一部分，是墨子和他的弟子们写的，是一部内容丰富、结构严谨的科学著作。在浩如烟海的经史著作中，《墨经》是唯一一本对我国古代几何光学发展进行系统性论述的典籍。书中不仅涉及到社会科学范畴的广阔内容，还包含有时间空间、物质结构、力学、光学和几何学等自然科学方面的内容。

在力学方面

《墨经》中有一个"力矩"的概念，他们把杠杆支点的一边叫做"本"，另一边叫做"标"，提出：力臂长，重量重的一端下垂；力臂短，重量轻的一端则往上翘。墨家比公元前3世纪的阿基米德更早地懂得

力的平衡关系。

《墨经》里记载了一个不等臂秤实验：头发丝引重。用一根头发丝代替挂秤砣的绳子，并用手拉头发丝代替秤砣。他们发现：如果力臂较长，重臂较短，达到头发丝的最大抗拉力×力臂≥物品的重量×重臂，那么头发丝就不会扯断；反之，头发丝就会扯

◆ 墨子像

断。显然，这就是杠杆工作的原理。

《墨经》对机械运动提出了正确的定义，即运动就是物体的变化，并且讨论了平动、转动等不同形式的机械运动，对浮力原

科技文化九讲

中华文化公开课

理也有详细的阐述。

在光学方面

《墨经》是世界上最早的几何光学著作，记载着丰富的几何光学知识。墨子和他的学生们做了世界上最早的小孔成像实验，对于光的直线传播、光的反射和若干物影成像，进行了精彩的描述。

◆ 《墨子》书影

有一次，墨子进行光学试验，他在堂屋朝阳的墙上开了一个小孔，让一个人对着小孔站在屋外，在阳光照射下，屋内相对的墙上出现倒立的人影。

为什么会出现这奇怪的现象呢？墨子解释道：这是因为光线像射箭一样，是直线行进的。人体下部挡住了直射过来的光线，穿过小孔，成影在上边；人体上部挡住直射过来的光线，穿过小孔，成影在下边，就成了倒立的影。墨子并指出，人的位置离墙壁由远及近，暗室里的影也由小变大，倒立在墙上。这是对光直线传播的第一次科学解释。

书中还利用光线直线传播的原理，解释了物体和投影的关系。墨子认为，光被遮挡就产生投影，物体的投影，并不跟随物体一起移动。如飞翔着的鸟儿，它的影子仿佛也在飞动着，实际上并不是这种情况。

墨子指出，飞鸟遮住了直线前进的光线，形成了影子。在一瞬间，飞鸟移动了位置，原来光线照射不到的地方，旧影就消失了，而在新的地方，出现新的影子。这就是说，鸟在飞翔中，它的影子并不跟着移动，而是新旧投影的不断更新。在2000多年前，能这样深入细致地研究光的性质，做出正确解释，确是难能可贵的。

墨子和他的学生们也对镜子成像的原理进行了深入的研究，并提出了平面镜、凹面镜和凸面镜成像的理论。

知识小百科

墨子"宇宙论"

墨子认为，宇宙是一个连续的整体，个体或局部都是由这个统一的整体分出来的，都是这个统一整体的组成部分。他把时间定名为"久"，把空间定名为"宇"，并给出了"久"和"宇"的定义，即"久"为包括古今旦暮的一切时间，"宇"为包括东西中南北的一切空间，时间和空间都是连续不间断的。

在给出了时空的定义之后，墨子又进一步论述了时空有限还是无限的问题。他认为，时空既是有穷的，又是无穷的。对于整体来说，时空是无穷的，而对于部分来说，时空则是有穷的。他还指出，连续的时空是由时空元所组成。他把时空元定义为"始"和"端"，"始"是时间中不可再分割的最小单位，"端"是空间中不可再分割的最小单位。这样就形成了时空是连续无穷的，这连续无穷的时空又是由最小的单元所构成，在无穷中包含着有穷，在连续中包含着不连续的时空理论。

光影迷离的魔镜——透光镜

透光镜是西汉中晚期制作的具有特殊效果的铜镜。透光镜的发明，是我国古代物理学方面的伟大成就，反映了2000年前我国劳动人民的智慧。

透光镜是西汉时出现的一种独特的神奇铜镜，镜的外形与一般青铜镜无异，但当光线照射镜面时，会显现出镜子背面的花纹，仿佛光从镜子背后透出一样，由此被称为"透光镜"。 隋唐之际王度的《古镜记》、宋周密的《云烟过眼录》等，都有关手透光镜的记载。明明是一面没有镂空，不透明的铜镜，为什么能透光呢？

为了研究铜镜透光的原理，历代学者对"透光镜"投入了极大的关注。宋代科学家

◆ 青铜镜，古代照容用具。

沈括对"透光镜"进行了深入的考察，指出透光镜之所以可以透光，关键原因在于"文虽在背，而鉴面隐然有迹"，这个解释是十分正确的。因为镜背面有花纹，致使镜面也呈现出相对应的微观曲率，肉眼虽然容易觉察，但当镜子反射光线时，由于长光程放大效应，就能在屏上反映出来。清代的物理学家郑复光对透光镜的原理进行了进一步的说明，他还利用水面纹波的道理对透光镜进行了生动的解释，平静的水面所反射的光线，投到墙壁上，也能看到有点动荡，这就是因为水面实际上有微小的起伏的波纹，和透光镜的原理是一样的。

1975年，复旦大学光学系和上海博物馆的研究人员还用实验证明了沈括的解释的正确性。他们用淬火冷缩法仿制了一面透光镜，效果和古镜一样。上海交通大学铸工教研组的研究认为：铜镜在铸造过程中，镜背的花纹凹凸处凝固收缩，产生铸造应力；研磨时又产生压应力，因而形成弹性形变。研磨到一定程度时，这些因素迭加地发生作用，使镜面产生与镜背花纹相应而肉眼不易觉察的曲率，引起"透光"效应。因此这种

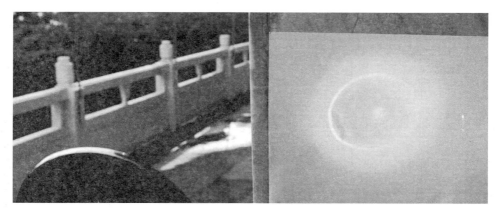

◆ 现代仿制透光镜

镜子的效应实际不是透光而是映象。

在河北省衡水市饶阳县五公镇，村民李兰捆，凭着一本《中国古代冶金简史》，经过无数次的钻研和摸索，在自己盘的土打铁炉上，成功复制了传说中的"透光镜"。2009年国庆前夕，李兰捆在自己的打铁炉上又造出一枚透光镜，上面有"新中国六十华诞纪念"字样，他说，作为共和国的同龄人，他要造出一枚透光镜迎接新中国成立60周年。

在造这枚透光镜的时候，李兰捆将两个镜面背对着镶嵌在一起，用铜条严密地箍着，还加了些装饰性的花纹，但是这样一来，铜镜背面的内容就看不到了。于是李兰捆又特意制作了一个铜质包装盒，铜镜背面的花纹和"祖国万岁"字样就印在上面。把这枚铜镜镜面对准阳光，向一个白木板上反光时，铜镜后面的图案果然呈现在了光影里，果然是花纹的图案和"祖国万岁"四字。

◆ 三角纹镜（齐家文化）

机械工程史上的壮举——水排的发明

水排的发明是我国古代冶铁史上的重大技术革新，它不仅节省人力、畜力，而且推动冶铁炉向大型发展，是机械工程史上的一大壮举。这一重大科技发明与运用，比欧洲人早约1100年。

杜诗（？—38），字君公，河内汲县人，东汉官员及发明家。杜诗青年时期就才能出众，在河内郡(今河南武陟西南)任吏员时，人们赞扬他处事公平。光武帝初

盛，杜诗在这方面也作出了很大成绩，促进了当地农业生产的发展。杜诗最大的贡献就是创造了利用水力鼓风铸铁的机械水排。

最初的鼓风设备叫人排，用人力鼓动；

◆ 三国水排模型

年，为侍御史。当时将军萧广放纵士兵，在洛阳民间为非作歹，老百姓惶恐不安。杜诗通告萧广约束部下，萧广不予理睬。杜诗下令按法诛萧广，并将经过情形向上汇报，得到表扬。建武七年(31)，杜诗迁升为南阳郡太守。当时南阳是全国冶铁中心，冶铁业的发展促进了水利事业的兴

继而用畜力鼓动，因多用马，所以也叫马排。直到杜诗时改用水力鼓动，称水排。所谓"水排"，就是应用水力机械轮轴带动鼓风囊，使皮囊不断伸缩、给冶金高炉加氧的一种器具。这种装置，用力少，见功多，是我国冶金史上的一大改革，也是中国对世界冶金技术的杰出贡献。用水排代替人排、马

中华文化公开课 科技文化九讲

排，大大提高了劳动生产率。古代每一熟石合120斤。马排用马一百匹冶铁120斤；改用水排，在同样的时间内，可以冶铁360斤，提高功效三倍。水排的发明对于生铁冶业铸的发展有着极重要的意义，不但节省了人力、畜力，而且鼓风能力比较强，因此促进了冶铁业的发展。水排在我国沿用了很长一个时期，直到20世纪70年代，一些地方还在使用。

由同一时期的水碓和翻车结构推测，东汉时的水排应该是一种轮轴拉杆传动装置，我国古代水排构造的详细技术最早见于元代的《王祯农书》，依水轮放置方式的差别，分为立轮式和卧轮式两种，并绘有图形。都是通过轮轴、拉杆及绳索把圆周运动变成直线往复运动的，以此达到起闭风扇和鼓风的目的。因为水轮转动一次，风扇可以起闭多次，所以鼓风效能大大提高。

◆ 汉墓中出土的井模型

水排的发明是中国古代机械工程史上的伟大创举，对冶铁业的发展起到了巨大的推动作用，杜诗作为水排的发明者名流千古。

◆ 至今仍在使用的水车

第七讲 物理化学技术

书写史上的革命——造纸术

　　西汉初年，政治稳定，思想文化十分活跃，对传播工具的需求旺盛，纸作为新的书写材料应运而生。自从蔡伦革新了造纸术之后，纸张便以新的姿态进入社会文化生活之中，并逐步在中华大地传播开来，之后又传播到世界各地。

　　蔡伦（61—121），字敬仲，东汉桂阳郡（今湖南耒阳市）人。蔡伦从小到皇宫里做太监，担任职位较低的职务小黄门，后来得到汉和帝信任，被提升为中常侍，参与国家的机密大事。他还做过管理宫廷用品的尚方令，监督工匠为皇室制造宝剑和其他各种器械，得以经常和工匠们接触。

　　中国是世界上最早养蚕织丝的国家，古人以上等蚕茧抽丝织绸，剩下的恶茧、病茧等则用漂絮法制成丝绵。漂絮完毕，篾席上会遗留一些残絮。当漂絮的次数多了，篾席上的残絮便积成一层纤维薄片，经晾干之后剥离下来，可用于书写。但这种漂絮的副产物数量不多，在古书上称它为赫蹏或方絮。

　　蔡伦总结了前人造纸的经验，开始潜心研究改进造纸术的方法。他认为扩大造纸原料的来源，改进造纸技术，提高纸张质量，就可以使纸张为人们所接受。蔡伦首先使用树皮造纸，树皮是比麻类丰富得多的原料，这样就使纸的产量有了大幅度的提高。但树皮中所含的木素、果胶、蛋白质麻类高很

多，脱胶、制浆都比较困难。蔡伦发现，草木灰水有较大的碱性，用草木灰水制造纸浆造出来的纸张光滑、平实、易书写。

　　东汉元兴元年（105）蔡伦把他制造出来的一批优质纸张献给汉和帝，汉和帝通令天下采用。从此，蔡伦改进的造纸方法得以广泛推广。造纸术的发明，是中国在人类文化传播和发展史上作出的一项十分宝贵的贡献。

　　随着人们对造纸术研究的逐步深入，对造纸术的发明者产生了很多争议。

◆ 蔡伦像

◆ 汉代造纸图画像石

中所提到的纸，都是丝质纤维所造的，实际上不是纸，只是漂丝的副产品，自古至今要造成一张中国式的植物纤维纸，一般都要经过剪切、沤煮、打浆、悬浮、抄造、定型干燥等基本操作。所谓西汉古纸，充其量不过是纸的雏形。蔡伦及其工匠们在前人漂絮和制造雏形纸的基础上总结提高，从原料和工艺上把纸的生产抽调到一个独立行业的阶段，用于书写，这才是真正的纸。

否定造纸术是蔡伦发明的专家们认为，在史籍里，早在蔡伦以前，就有了关于纸的记载。《三辅旧事》上曾说：卫太子刘据鼻子很大，汉武帝不喜欢他。江充给他出了个主意，教他再去见武帝时"当持纸蔽其鼻"。太子听从了江充的话，用纸将鼻子掩盖住，进宫去见武帝，汉武帝大怒。此事发生在公元前91年。又如《汉书·赵皇后传》记载：汉成帝的宠妃赵飞燕的妹妹赵昭仪要害死宫女曹伟能，就派人送去毒药和一封"赫蹄书"，逼曹伟能自杀。据东汉人应劭解释，"赫蹄"即"薄小纸也"。

一种意见坚持认为，蔡伦是我国造纸术的发明者。理由是根据汉代许慎《说文解字》中有关纸的解释，在蔡伦之前古代文献

最初的交子由商人自由发行。北宋初年，四川成都出现了专为携带巨款的商人经营现钱保管业务的"交子铺户"。存款人把现金交付给铺户，铺户把存款人存放现金的数额临时填写在用楮纸制作的卷面上，再交还存款人。当存款人提取现金时，每贯付给铺户30文钱的利息，即付3%的保管费。这种临时填写存款金额的楮纸券便谓之"交子"。这时的"交子"，只是一种存款和取款凭据，而非货币。

随着商品经济的发展，"交子"的使用也越来越广泛，许多商人联合成立专营发行和兑换"交子"的交子铺，并在各地设立分铺。商人之间的大额交易，为了避免铸币搬运的麻烦，直接用随时可变成现钱的"交子"来支付货款的事例也日渐增多。正是在反复进行的流通过程中，"交子"逐渐具备了信用货币的品格。

第七讲

物理化学技术

火药发明之谜

火药的发明大大推进了世界历史的进程，标志着人类改造大自然的能力进一步增强，对军事武器的进步也有着重要意义。火药是我国古代四大发明之一，在化学史上占有重要的地位。

炼丹术产生于战国到西汉这段时期。当时，一些达官显贵最害怕生老病死，做梦都想长生不老。有些人就试着把冶金技术用到了炼制药物方面，希望能炼出仙丹妙药。那些矿物硝和硫在一起加热后，还真的炼成了一粒粒闪闪发光的金丹，遗憾的是，这金晃晃的小丸子，不是什么仙丹，它不过是一种最普通不过的化学反应罢了。

虽然没有一个人靠仙丹得以长寿，但这并不能动摇炼丹家们的炼丹信念，他们认为仙丹是肯定可以炼成的。于是，他们把自己关在深山老林中，一门心思地为炼丹忙碌着。当然，炼制仙丹是件永远也不可能完成的任务。但是在炼丹过程中，炼丹家发现了两个有趣的现象：一是硫磺的可燃性非常高，二是硝石具有化金石的功能。硫磺和硝石都是制造火药的重要原料，正是这两项的发现，为将来火药的发明奠定了基础。

《太平广记》中记载了一个故事，说的是隋朝初年，有一个叫杜春子的人去拜访一位炼丹老人。半夜杜春子梦中惊醒，看见炼丹炉内有"紫烟穿屋上"，顿时屋子燃烧起来。还有一本名叫《真元妙道要略》的炼丹书也谈到用硫磺、硝石、雄黄和蜜一起炼丹失火的事，火把人的脸和手烧坏了，还直冲屋顶，把房子也烧了。书中告戒炼丹者要防止这类事故发生，这说明唐代的炼丹者已经掌握了一个很重要的经

◆ 炼丹炉（明）

验，就是硫、硝、碳三种物质可以构成一种极易燃烧的药，这种药被称为"着火的药"，即火药。

火药发明后，首先被古代军事家所利用，制造出火药武器，用于战争。火药发明

筑路、挖矿修渠都离不开它，所以一些外国科学家说：火药的发明，加快了人类历史演变的进程。

◆ 红夷炮复原图

之前，火攻是军事家常用的一种进攻手段，那时在火攻中，用了一种叫做火箭的武器，它是在箭头上绑一些像油脂、松香、硫磺之类的易燃物质，点燃后用弓射出去，用以烧毁敌人的阵地。如果用火药代替一般易燃物，效果要好得多。有了火药，军事家们开始利用抛石机抛掷火药包以代替石头和油脂火球，战斗力倍增。

到了两宋时期，火药武器发展很快。人们越来越认识到火药的重要性，于是在13世纪的南宋时期，新式的管形火器问世了。这时候，人们已经对火药的性能了如指掌，任何烈性火药都能控制自如。等到了宋末元初，管形火器开始用铜和铁等材料铸制，大的叫火铳，小的叫手铳，模样同近代的武器大同小异。

今天，火药不仅仅用于制造枪炮，开山

第七讲 物理化学技术

印刷术的革命——活字印刷术

自从汉朝发明纸以后，书写材料比过去用的甲骨、简牍、金石和缣帛要轻便、经济多了，但是抄写书籍还是非常费工的，远远不能适应社会的需要。于是，人们开始寻找一种便捷高效的方法，活字印刷术就应运而生了。

活字印刷术是北宋平民发明家毕昇发明的。他总结了历代雕版印刷的丰富实践经验，经过反复试验，在宋仁宗庆历年间（1041—1048）制成了胶泥活字，实行排版印刷，完成了印刷史上的一项重大革命。

毕昇发明活字印刷术的灵感来自于两个儿子玩的"过家家"游戏。有一年清明节，毕昇带着妻儿回到家乡祭拜祖先。在乡下，两个儿子玩得不亦乐乎，他们从田间挖来泥巴，做成了锅、碗、桌、椅、猪、人等泥雕，随心所欲地摆来摆去。当时，毕昇正为了改良印刷术而发愁，儿子们捏的泥雕让毕昇眼前一亮。当时他就想，我何不也来玩过家家：用泥刻成单字印章，不就可以随意排列，排成文章了吗？这个发现让毕昇兴奋不已。回到家中，毕昇就开始了活字印刷术的第一场实验。

毕昇的方法是这样的：他先用胶泥做成一个个规格一致的毛坯，在一端刻上反体单字，字划突起的高度象铜钱边缘的厚度一样，用火烧硬，做成单个的胶泥活字。为了适应排版的需要，一般常用字都备有几个甚

至几十个，以备同一版内重复的时候使用。遇到不常用的冷僻字，如果事前没有准备，可以随制随用。为便于拣字，把胶泥活字按韵分类放在木格子里，贴上纸条标明。排字的时候，用一块带框的铁板作底托，上面敷一层用松脂、蜡和纸灰混合制成的药剂，然

◆ 毕昇塑像

◆ 王祯盘。继北宋毕昇发明泥活字印刷术后，元代王祯发明的木活字排版印刷工具。

后把需要的胶泥活字拣出来一个个排进框内。排满一框就成为一版，再用火烘烤，等药剂稍微熔化，用一块平板把字面压平，药剂冷却凝固后，就成为版型。印刷的时候，只要在版型上刷上墨，覆上纸，加一定的压力就行了。为了可以连续印刷，就用两块铁板，一版加刷，另一版排字，两版交替使用。印完以后，用火把药剂烤化，用手轻轻一抖，活字就可以从铁板上脱落下来，再按韵放回原来木格里，以备下次再用。

在毕昇发明活字印刷术之前，人们普遍使用的印刷方法是雕版印刷。即在一定厚度的平滑木板上，粘贴上抄写工整的书稿，稿纸正面和木板相贴。雕刻工人用刻刀把版面没有字迹的部分削去，就成了字体凸出的阳文，和字体凹入的碑石阴文截然不同。印刷的时候，在凸起的字体上涂上墨汁，然后把纸覆在上面，轻轻拂拭纸背，字迹就留在纸上了。雕版印刷对文化的传播起到了重大作用，但是它也存在明显缺点：第一，刻版费时费工费料；第二，大批书版存放不便；第三，有错字不容易更正。

毕昇发明的活字制版正好避免了雕版的不足。只要事先准备好足够的单个活字，就可随时拼版，大大地加快了制版的速度。活字版印完后，可以拆版，活字可重复使用，且活字比雕版占有的空间小，容易存储和保管，有错字也很容易改正。这样活字印刷术的优越性就表现出来了。

活字印刷术不仅能够节约大量的人力物力，还能够大大提高印刷的速度和质量。现代的凸版铅印，虽然在设备和技术条件上是毕昇的活字印刷术所无法比拟的，但是基本原理和方法是完全相同的。活字印刷术的发明，为人类文化作出了重大贡献。

延伸阅读

韩国对印刷术历史的有意歪曲

2001年6月，韩国的一本古籍《白云和尚抄录佛祖直指心体要节》被联合国教科文组织认定为世界上最古老的金属活字印本，于是韩国人便声称自己是活字印刷术发明的祖先。韩国学者提出，他们根据《梦溪笔谈》的记载对毕昇的泥活字进行了还原，发现了"易碎""不牢固"等问题。因此，他们判定毕昇的活字印刷术还停留在理论阶段，只是一个设想，并没有付诸实施。

面对韩国的两手证据，中国提出了"活字实物"、"印刷物文物"和"印刷发展史"三方面的证据。证实了活字印刷术是中国人毕昇的发明，比韩国的《白云和尚抄录佛祖直指心体要节》早近400年。

船舶发展史上的伟大发明——水密隔舱

水密隔舱是我国船舶发展史上一项伟大的发明创造，它的发明大大提高了船舶的抗沉性和远洋航行的安全性，奠定了我国在世界航海上的领先地位。今天，水密隔舱技术仍然在现代船舶设计中占有十分重要的地位。

宋元时期，海上交通异常繁荣，东来西往的船只不断穿梭于茫茫大海上。说来奇怪，同是海船，在触礁后船体破裂的情况下，外国船舶很快就进水沉没，唯独中国船舶虽也进水，但不多，仍能继续航行。到达口岸卸货后，加以修复，就能继续下海航行。

其中的奥妙在哪里呢？这就在于中国的船舶中设置了水密隔舱。所谓水密隔舱，就是用水密隔舱板把船体分隔成互不相通的一个一个舱区，舱数有13个的，也有8个的。这是中国古代造船工艺上的一项重大发明。

中国船舶设置水密隔舱的传统，最早可上溯到殷商的甲骨时代。专家们解释说，甲骨文的象形文字"舟"字，就是用横舱壁将船体分隔成几个舱，它足以证明当时人们对船这一交通工具已有一定的了解。到了晋代，则有水师用的"八槽舰"。人们将船体沿长向分隔成8个舱。从出土的唐代战船上也可看到唐代水密隔舱的技术。宋代出土的泉州古船，水密隔舱工艺又前进了一步：船

上的横舱壁，由在底部和两舷的肋骨以及甲板下的横梁予以环围，这样既有利于水密性，又增加了结构的强度，一举两得。隔舱舱板与船壳板用扁铁和钩钉钉联，隙缝用桐油灰填实，具有严密的隔水作用。1982年，在泉州又发现一艘南宋海船，也是采用水密隔舱结构，它的隔舱舱板同船壳板之间用铁方钉和木钩钉钉合在一起。

水密隔舱的设置具有多方面的优越性。首先，由于舱同舱之间是严密分隔开

◆ 南宋斗舰

◆ 明代龟船模型

的，在航行中，特别是远洋航行中，即使有一两个船舱破损进水，水也不会流到其他船舱。从船的整体来看，仍然保持有相当的浮力，不致沉没。如果进水太多，船支撑不住，只要抛弃货物，减轻载重量，也不至于很快沉入海底。如果船舶破损不严重，进水不多，只要把进水舱区里的货物搬走，就可以修复破损的地方，不会影响船舶继续航行。如果进水较严重，也可以驶到就近的港口或陆地进行修补。对于没有设置水密隔舱的船舶，情况就完全不一样了，只要船底外壳撞破了一个洞，水就会涌进船舶并漫流到全船。因此，水密隔舱的设置提高了船舶的抗沉性能，增强了人员和货物在远洋航行中的安全性。

其次，船上分舱，对货物的装卸和管理比较方便。不同的货物都可以分别放装到各个不同的货舱内，不至于将不同货主的不同货物放混，即便于装卸货物，又便于管理。

第三，由于舱板跟船壳板紧密连结，起着加固船体的作用，不但增加了船舶整体的横向强度，而且取代了加设肋骨的工艺，使造船工艺简化。

由于水密隔舱具有上述的优越性，因此问世以后不但在国内长期推广，而且还流传到国外。英国的本瑟姆曾经考察过中国的船舶结构，并且对欧洲的造船工艺进行了改进，引进了中国的水密隔舱结构。1795年，他受英国皇家海军的委托，设计并且制造了6艘新型的船只。从此，中国先进的水密隔舱结构，逐渐被欧洲乃至世界各地的造船工艺吸取，至今仍是船舶设计中重要的结构形式。

延伸阅读

对水密隔舱海船制造技术的保护

在今天泉州晋江的深沪镇，传统木帆船建造技术仍然得以存留，并建造了一艘名为"太平公主号"的木帆船。"太平公主号"从船型设计、选料、建造工艺到外观涂装，甚至建造过程中的种种仪式都遵循传统。该船有14道隔舱板，将船分为15个舱，隔舱板下方靠近龙骨处设有两个过水眼，每个隔舱板中板与板间的缝隙用桐油灰加麻绳舱密，以确保水密。随着"太平公主号"传统木帆船的建造，有关方面正因势利导，保护水密隔舱海船制造技术，留住这项对人类航海史产生重要影响的非物质文化遗产。

中国铁路之父——詹天佑

詹天佑是我国首位铁路工程师，他负责修建的京张铁路是我国的第一条铁路，也是中国人自己修建的第一条铁路。

詹天佑（(1861—1919)），号眷诚，字达朝，广东南海人，他是中国首位铁路工程师，负责修建了京张铁路等铁路工程，有"中国铁路之父"、"中国近代工程之父"之称。

詹天佑出生在一个普通的茶商家庭，少年时的詹天佑对机器十分感兴趣，常用泥土制做各种机器模型。有时，他还偷偷地把家里的自鸣钟拆开，摆弄和琢磨里面的构件，提出一些连大人也无法解答的问题。1872年，年仅12岁的詹天佑到香港报考清政府筹办"幼童出洋预习班"。父亲在一张写明"倘有疾病生死，各安天命"的出洋证明书上画了押。从此，他辞别父母，怀着学习西方"技艺"的理想，前往美国。1877年，詹天佑以优异的成绩毕业于纽海文中学。同年五月考入耶鲁大学土木工程系，专攻铁路工程。

1881年，詹天佑学成归国。但是，清政府洋务派官员却过分迷信外国，在修筑铁路时一味依靠洋人，竟不顾詹天佑的专业特长，把他派遣到福建水师学堂学驾驶海船。后来几经周折，詹天佑终于转入了中国铁路公司，担任工程师，这正是他献身中国

◆ 京张铁路的终点站张家口车站

铁路事业的开始。

詹天佑刚上任不久，就遇到了一次考验。当时从天津到山海关的津榆铁路修到滦河，要造一座横跨滦河的铁路桥。滦河河床泥沙很深，又遇到水涨急流。铁路桥开始由号称世界第一流的英国工程师担任设计，但失败了；后来请日本工程师实行包工，也不顶用，最后让德国工程师出马，不久也败下阵来。詹天佑要求由中国人自己来搞，负责工程的英国人在走投无路的情况下，只得同意詹天佑来试试，最终詹天佑成功建成了滦河大桥。

1905年，清政府决定兴建我国第一条铁路京张铁路（北京—张家口）。詹天佑担任总办兼总工程师，全权负责京张铁路的修筑。詹天佑顶着压力，坚持不任用一个外国工程师，对全线工程提出了"花钱少，质量好，完工快"三项要求。京张铁路工程难度最大的就是关沟段，铁路要在这里越过八达岭，南口和八达岭高度差近60米。詹天佑运用折返线原理修建了一条"人"字形线路，使线路坡度降低到33‰以下，并且为火车前后各挂一个火车头，以提升爬坡能力。经过几年奋斗，京张铁路在1909年9月全线通车。原计划六年完成，结果只用了四年就提前完工，工程费用只及外国人估价的五分之一。

京张铁路的建成，不仅为詹天佑赢得了世界声誉，更为整个中国工程技术界在世界上赢得了相应地位。当时，有人把京张铁路与万里长城并列为中国的伟大工程。

1919年，詹天佑因积劳成疾不幸病逝。

◆ 詹天佑铜像

中国工程师学会基于他在铁路建设上所作出的重大贡献，特地在青龙桥建立了一尊铜像，来纪念这位杰出的爱国铁路工程师。

知识小百科

"詹天佑奖"

1999年设立的"詹天佑奖"全称为"中国土木工程詹天佑大奖"，是中国土木工程行业的最大奖项。该奖由中国土木工程学会、詹天佑土木工程科技发展基金会联合设立。主要目的是为了推动土木工程建设领域的科技创新活动，促进土木工程建设的科技进步，进一步激励土木工程界的科技与创新意识。因此，该奖又被称为建筑业的"科技创新工程奖"。詹天佑奖每两年评选一次，每次评选综合大奖若干。"詹天佑奖"公布后，中国土木工程学会、中国科学技术发展基金会、詹天佑土木工程科技发展基金将向获奖单位颁发"詹天佑奖"奖牌和荣誉证书。

化学家侯德榜的成就

　　侯德榜是我国化学工业史上杰出的科学家，他为祖国的化学工业事业奋斗终生，并以独创的制碱工艺闻名世界。侯德榜发明的侯氏制碱法，对我国民族工业的发展也起到了重要作用。

　　侯德榜（1890—1974），字致本，名启荣，福建省闽侯县人，著名化学家，侯氏制碱法的创始人。侯德榜出生于一个普通农家，自幼半耕半读，勤奋好学。少年时，得到姑妈的资助，侯德榜得以在福州英华书院学习。期间他目睹了外国工头蛮横欺凌我码头工人，耳闻美国旧金山种族主义者大规模迫害华侨、驱逐华工等令人发指的消息，使侯德榜产生了强烈的爱国心，曾积极参加反帝爱国的罢课示威。

　　1907年，侯德榜考上了上海闽皖铁路学院。毕业后，在英资津浦铁路当实习生。这期间，侯德榜进一步感受到帝国主义者凭技术经济优势对贫穷落后的中国人民进行残酷剥削与压迫，立志要掌握科学技术，用科学和工业来拯救苦难的中国。后来，侯德榜被保送到美国麻省理工学院化工科学习，后又转到哥伦比亚大学攻读博士。侯德榜的博士论文《铁盐鞣革》，围绕铁盐的特性以大量数据深入论述了铁盐鞣制品易出现不耐温、粗糙、粒面发脆、易腐、易吸潮和起盐斑等缺点的主要原因和改良对策，很有创见。

　　《美国制革化学师协会会刊》特予连载，全文发表，成为制革界至今仍在广为引用的经典文献之一。

　　1921年，侯德榜在哥伦比亚大学获博士学位后，怀着工业救国的远大抱负，毅然放弃自己热爱的制革专业，回到祖国。同年，侯德榜应范旭东之聘，任塘沽永利制碱公司技师长。当时索尔维法的生产技术为索尔维集团垄断，对外保密。为了实现中国人自己

◆ 1934年，侯德榜（前排右一）率领技术人员美国考察氮气工业前在上海摄影留念。

◆ 福建师大附中内的侯德榜塑像

制碱的梦想，揭开苏尔维法生产的秘密，打破洋人的封锁，侯德榜全身心投入到研究和改进制碱工艺，经过5年艰苦的摸索，终于在1926年生产出合格的纯碱。其后不久，被命名为"红三角"牌的中国纯碱在美国费城举办的万国博览会上获得金质奖章，并被誉为"中国工业进步的象征"，在1930年瑞士举办的国际商品展览会上，"红三角"再获金奖，享誉世界。

1937年，抗日战争爆发，永利碱厂被迫迁往四川，由于当时内地盐价昂贵，用传统的苏尔维法制碱成本太高，无法维持生产，为寻找适应内地条件的制碱工艺，永利公司准备向德国购买新的工艺——察安法的专利，但德国与日本暗中勾结，除了向侯德榜一行高价勒索外，还提出了种种对中国人来说是丧权辱国的条件，永利决定不再与德国人谈判。侯德榜与永利的工程技术人员一道，认真剖析了察安法流程，终于确定了具有自己独立特点的新式制碱工艺，1941年，这种新工艺被命名为"侯氏制碱法"。

1957年，为发展小化肥工业，侯德榜倡议用碳化法制取碳酸氢铵，他亲自带队到上海化工研究院，与技术人员一道，使碳化法氮肥生产新流程获得成功，侯德榜是首席发明人。当时的这种小氮肥厂，对我国农业生产曾作出不可磨灭的贡献。

侯德榜为世界化学工业事业所作的杰出贡献受到各国人民的尊敬和爱戴，英国皇家学会聘他为名誉会员（当时其国外会员仅12人，亚洲仅中国、日本两国各一名），美国化学工程师学会和美国机械工程师学会，也先后聘他为荣誉会员。历史的风云随着星辰的移转而逝去，而这位科技界名流却在人类历史的年轮上留下了璀璨光芒。侯德榜勤奋、创新和爱国的一生，一直在激励后人开拓进取，共创祖国的美好未来。

延伸阅读

侯德榜的著作

侯德榜一生勤奋好学，先后发表过10部著作和70多篇论文。《纯碱制造》一书于1933年在纽约列入美国化学会丛书出版。这部化工巨著第一次彻底公开了苏尔维法制碱的秘密，被世界各国化工界公认为制碱工业的权威专著，同时被相继译成多种文字出版，对世界制碱工业的发展起了重要作用。美国的威尔逊教授称这本书是"中国化学家对世界文明所作的重大贡献"。该书将"侯氏制碱法"系统地奉献给读者，在国内外学术界引起强烈反响。

第七讲 物理化学技术

著名物理科学家——钱学森

20世纪中叶，新生的中华人民共和国百废待兴，落后就要挨打的教训让每一个中国人都铭记于心。尽管当时的国家经济状况非常困难，但发展科学技术、巩固国防的信念却没有一丝动摇，钱学森就在这个时候回到了他阔别20年的祖国，为祖国的腾飞作出了杰出的贡献。

钱学森（1911—2009），浙江杭州人，我国伟大的物理科学家、工程控制论的创始人。

1923年9月，钱学森进入北京师范大学附中学习；1929年，他考入交通大学机械工程系；1934年他考取清华大学公费留学生，次年9月进入美国麻省理工学院航空系学习。1936年9月，钱学森转入美国加州理工学院航空系，师从世界著名力学大师冯·卡门教授，先后获航空工程硕士学位和航空、数学博士学位。1955年10月，钱学森历经重重困难，回到了祖国的怀抱。他为建设新中国作出了卓越的贡献，被誉为"中国航天之父""中国导弹之父""火箭之王""中国自动化控制之父"。

钱学森是人类航天科技的重要开创者和主要奠基人之一，是航空领域的世界级权威、空气动力学学科的第三代掌门人，工程控制论的创始人，是20世纪应用数学和应用力学领域的领袖人物——堪称20世纪应用科学领域最为杰出的科学家。他长期担任中国

火箭和航天计划的技术领导人，对航天技术、系统科学和系统工程作出了巨大的开拓性贡献；共发表专著7部，论文300余篇。

在应用力学方面

钱学森在空气动力学及固体力学方面

◆ 钱学森像

中华文化公开课

科技文化九讲

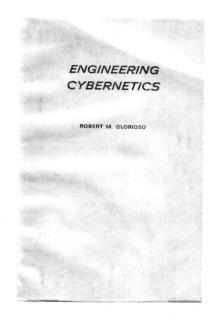

ENGINEERING
CYBERNETICS

ROBERT M. GLORIOSO

◆ 钱学森著《工程控制论》书影（英文版）

做了开拓性研究，揭示了可压缩边界层的一些温度变化情况，创立了卡门—钱学森方法，并最早在跨声速流动问题中引入上下临界马赫数的概念。

在喷气推进与航天技术方面

20世纪40年代到60年代初期，钱学森在火箭与航天领域提出了若干重要的概念：他在40年代提出并实现了火箭助推起飞装置（JATO），使飞机跑道距离缩短；在1949年提出了火箭旅客飞机概念和关于核火箭的设想；在1953年研究了行星际飞行理论的可能性；在1962年出版的《星际航行概论》中，提出了用一架装有喷气发动机的大飞机作为第一级运载工具，用一架装有火箭发动机的飞机作为第二级运载工具的天地往返运输系统概念。

在物理力学方面

钱学森在1946年将稀薄气体的物理、化学和力学特性结合起来研究，这是先驱性的工作。1953年，他正式提出物理力学概念，主张从物质的微观规律确定其宏观力学特性，改变过去只靠实验测定力学性质的方法，大大节约了人力物力，并开拓了高温高压的新领域。1961年他编著的《物理力学讲义》正式出版。此外，钱学森在系统工程、思维科学领域、马克思主义哲学等方面也有很重要的贡献和创新。

延伸阅读

坎坷的归国之路

1935年8月，钱学森作为一名公费留学生赴美国学习航空工程和空气动力学。10年后，他已经成为誉满全球的一流火箭专家。当新中国诞生的消息传到美国后，钱学森和夫人蒋英就商量着想早日回到祖国，为自己的国家效力。但归国的旅程却是极度艰难，钱学森一家因此不断遭到美国政府的政治迫害。移民局抄了他的家，在特米那岛上将他拘留了14天，美国海军部次长恶狠狠地说："他知道所有美国导弹工程的核心机密，一个钱学森抵得上5个海军陆战师，我宁可把这个家伙枪毙了，也不能放他回红色中国去！"

钱学森在美国遭到迫害的消息很快传到了中国，为了营救钱学森回国，在周恩来总理的带领下，外交部与美国政府进行了一次又一次的磋商。1955年8月4日，钱学森收到了美国移民局允许他回国的通知。经过5年的时间，钱学森梦寐以求的回国愿望终于实现了。

中国原子能科学之父——钱三强

钱三强是中国原子能事业的主要奠基人，由他领导建成的我国第一个重水型原子反应堆和回旋加速器开创了我国原子能研究的新纪元。同时，钱三强还成功地研制了我国第一台大型通用计算机，并承担了第一颗原子弹内爆分析和计算工作，为我国原子能科学事业的发展立下了不朽的功勋。

钱三强（1913—1992），浙江湖州人，中国原子能事业的主要奠基人，杰出科学家。钱三强的父亲钱玄同是中国近代著名的语言文字学家，他少年时代就跟随父亲在北京生活，曾就读于蔡元培任校长的孔德中学。

上中学时，钱三强读到了孙中山的《三民主义》《建国方略》，书中构建的中国未来蓝图，激发了他对理工学科的兴趣："要使祖国不受屈辱，摆脱贫穷，走向富强，非建立强大的工业不可。"1930年秋，17岁的钱三强以优异的成绩被北大理学院录取为预科生。入学后他把所有课余时间都用来学习，短短半年之后便通过了英语考试，连他的父亲钱玄同也不禁暗叹："属牛的孩子，还真有一股牛劲。"

在北大，每周都有各种学术报告会。钱三强都带着浓厚的兴趣去听，有一次听清华大学的吴有训讲授近代物理学。吴有训与众不同的讲法、生动的课堂实验，在轻松愉快中向学生传授了难懂的概念，使钱三强渐渐产生了对物理学的热爱，最后萌发报考清华物理系的念头。1932年秋，钱三强在北大预科毕业后，考取了清华物理系，师从叶企孙、吴有训、赵忠尧等教授。父亲钱玄同欣然题写了"从牛到爱"四个大字送给他。这成为钱三强人生的转折点。

1936年，钱三强以优异成绩从清华大

◆ 钱三强像

◆ 钱三强与夫人何泽慧携外孙女在北京中山公园（1988年）

定发展中国核力量后，他成为规划的制定人，并汇聚了邓稼先、彭桓武、王淦昌等一大批核科学家。当1959年苏联撤走全部专家后，钱三强担任了总设计师。在这场艰苦的攻坚战中，他凭借自己过人的领导能力，协调这项极为复杂的系统工程，用4年时间研制成功原子弹，两年8个月后氢弹又试爆成功，创造了世界奇迹，为共和国铸就了不朽的功勋。

钱三强以自己一生的脚踏实地、艰苦攀登，实践了父亲临终前的嘱托："学以致用，报效祖国。"

学毕业，担任了北平研究院物理研究所严济慈所长的助理。在严济慈的推荐之下，钱三强通过了公费留学生考试，进入巴黎大学居里实验室做研究生，导师是居里夫人的女儿、诺贝尔奖获得者伊莱娜·居里及其丈夫约里奥·居里，正是他们开启了钱三强探索微观世界的大门。钱三强每天很早起床乘地铁去实验室，工作一天后回到宿舍还要整理资料、写实验报告。生活平淡，但他却乐在其中。他的聪慧和实干，深得居里夫妇的赞赏。

1946年底，钱三强荣获法国科学院亨利·德巴微物理学奖，历经辗转终于在解放前夕回到了阔别多年的祖国，开始为祖国科技的腾飞效力。从此，钱三强全身心地投入到原子能事业的开创之中。1955年，中央决

第七讲 物理化学技术

延伸阅读

钱三强的姓名由来

钱三强在孔德中学读书时名字叫钱秉穹。孔德学校是一所开明的新式学校，学校除抓德、智、体三育外，还强调美育与劳动，对音乐、图画、劳作课也很重视。在这样的环境中，钱三强逐渐成长为一个兴趣广泛的学生，在音乐、体育、美术等方面都表现得很优秀。

有一次，一个体质不如钱秉穹的同学给钱秉穹写信，信中自称"大弱"，而称秉穹为"三强"。这封孩子们之间互称绰号的调皮信，恰巧被钱秉穹的父亲钱玄同看见了。

"你的同学为什么叫你'三强'呀？"钱玄同问道。

"他叫我'三强'，是因为我排行老三，喜欢运动，身体强壮，故就称我为'三强'。"钱秉穹认真地回答了父亲的询问。

钱玄同先生一听，连声叫好。他说："我看这个名字起得好，但不能光是身体强壮，'三强'还可以解释为立志争取德、智、体都进步。"

在父亲钱玄同的肯定下，从此以后，"钱秉穹"就正式改名为"钱三强"了。

"两弹"元勋——邓稼先

邓稼先是中国核武器研制与发展的主要组织者、领导者，是核武器理论研究工作的奠基者之一，从原子弹、氢弹原理的突破和试验成功及其武器化，到新的核武器的重大原理突破和研制试验，均作出了重大贡献，被称为"中国原子弹之父"。

邓稼先（1924—1986），安徽省怀宁县人，我国杰出的物理科学家。邓稼先出生于书香门第，祖父是清代著名书法家和篆刻家，父亲邓以蛰是我国著名的美学家和美术史家，曾担任清华大学、北京大学哲学教授。1925年，母亲带他来到北京，与父亲生活在一起。他5岁入小学，在父亲指点下打下了很好的中西文化基础。1935年，他考入崇德中学，与比他高两班、且是清华大学院内邻居的杨振宁结为最好的朋友。

1947年，邓稼先通过了赴美研究生考试，于翌年秋进入美国印第安那州的普渡大学研究生院。由于他学习成绩突出，不到两年便读满学分，并通过博士论文答辩。此时他只有26岁，人称"娃娃博士"。这位取得学位刚9天的"娃娃博士"毅然放弃了在美国优越的生活和工作条件，回到了一穷二白的祖国。

1958年8月的一天，中国科学院原子能研究所的一位领导对邓稼先说："钱三强同志极力推荐你参加一项秘密工程——搞原子弹。"邓稼先听到这番话，兴奋得几乎要跳起来。

邓稼先被调到第二机械工业部核武器研究所任理论部主任，他是被选来的第一位高级研究人员。筹建队伍是当务之急，他挑选

◆ 我国第一颗原子弹爆炸成功

◆ 原子弹爆炸成功后现场指挥人员和科学家们的合影

了一批刚从大学分配来的毕业生，在十分艰苦的条件下，学习爆轰物理、流体力学、状态方程、中子输运等基础知识。

邓稼先带领理论队伍开始对原子弹的物理过程进行大量的模拟计算和分析，在当时"中国式的计算机"上模拟原子弹爆炸的全过程。所谓"中国式的计算机"，不过是几台手动、电动计算器，外加几把算盘而已。

然而他们就是凭着这样的"武器"在打攻坚战。邓稼先边学习、边钻研、边教学。有时，从夜里搞到凌晨三四点钟，就在办公室的长椅上躺下休息，天亮又继续投入工作。别人劝他要注意休息，他说："在这个关键时刻，有人卡我们的脖子，想让我们低头。我们要争口气，把腰杆挺起来。"

一年之内，他们进行了九次模拟计算，考察了各种物理因素对计算结果的影响，取得了研制原子弹的许多关键参数。周光召则用最大功原理论证了计算结果的合理性，打消了一些人对计算结果的怀疑。

1964年10月16日下午3点30分，美丽的蘑菇云从沙漠中升起。原子弹爆炸成功，理论设计方案圆满地通过了检验。之后，他又同于敏等人投入对氢弹的研究，最后终于制成了氢弹，并于原子弹爆炸两年零8个月后试验成功。这同法国用8年、美国用7年、苏联用4年的时间相比，创造了世界上最快的速度。

1972年，邓稼先担任核武器研究院副院长，1979年又任院长。 1984年，他又在大漠深处指挥中国第二代新式核武器试验成功。

邓稼先是中国知识分子的优秀代表，为了祖国的强盛，为了国防科研事业的发展，他甘当无名英雄，默默无闻地奋斗了数十年。他常常在关键时刻，不顾个人安危，出现在最危险的岗位上，是我国科技工作者的典范与骄傲，被称为"中国原子弹之父"。

延伸阅读

邓稼先的故事

一次，航投试验时出现降落伞事故，原子弹坠地被摔裂。邓稼先深知危险，却一个人抢上前去把摔破的原子弹碎片拿到手里仔细检验。身为医学教授的妻子知道他"抱"了摔裂的原子弹，在邓稼先回北京时强拉他去检查。结果发现在他的小便中带有放射性物质，肝脏被损，骨髓里也侵入了放射物。随后，邓稼先仍坚持回核试验基地。在步履艰难之时，他坚持要自己去装雷管，并首次以院长的权威向周围的人下命令："你们还年轻，你们不能去！"1985年，邓稼先最后离开罗布泊回到北京，次年因身患癌症抢救无效去世。

当代毕昇——王选

王选是汉字激光照排系统的创始人，他发明的"精密汉字照排系统"彻底改变了中国印刷行业的命运，使中文印刷业告别了"铅与火"，大步跨进了"光与电"的时代。他对中国印刷出版业现代化作出了巨大贡献，被人们赞誉为"当代毕昇"和"汉字激光照排之父"。

王选（1937—2006），江苏无锡人，我国著名计算机科学家，汉字激光照排系统的创始人。王选出生于上海一个知识分子家庭，在轻松自然的学习气氛中，他以优异的成绩读完了小学。1954年在上海南洋模范中学毕业后，考进北京大学数学力学系。他选择了计算数学专业，尽管这是一门新兴学科，但他认为越是新的领域，留给人们的创造空间就越大，而且计算机在今后社会发展中会有不可估量的作用。"专业的选定，成了我一生中最重要的转折点。"王选后来感慨地说。

1958年，王选毕业留校任教，当时我国正掀起研制计算机热潮。由于计算机人才奇缺，王选才没有受到"右派"父亲的株连，参加到我国第一台红旗计算机的研制。长年累月的忘我工作，使他重病缠身，不得已返回上海养病。但他仍以强烈的事业心自学电脑软件理论，成长为当时国内研究高级语言编译系统的著名专家之一。

1975年11月，北京召开汉字精密照排系统论证会，王选报病参加了会议。由于身体虚弱，说话困难，由他的妻子代他发言并用计算机展示了模拟实验的结果。王选的方案对多数人就像听"天方夜谭"，有人甚至说这是王选的数学"畅想曲"，是玩数学游戏。回家后，王选夫人开玩笑说道："咱们还是算了吧。"王选却认真地回答："干！不到长城非好汉。"

◆ 王选像

中华文化公开课

科技文化九讲

◆ "王选新闻科学技术奖"一等奖奖章

就在王选紧张地投入研制时，全球著名的英国蒙纳公司，凭借着雄厚资金和先进技术，也正在加紧研制汉字激光照排机，想一举占领中国市场。面对双重压力，王选只是默默地加快自己的工作进度，带领着一帮年轻人夜以继日地勤奋工作。他们创造性地采用了许多令世界瞩目的新方法，照排控制机上的电路板，那些由密密麻麻的集成电路组成的尖端高科技设备，大多是王选他们自己动手做出。

1979年7月27日，精密汉字照排系统的第一台样机调试完毕。大家围在样机旁，紧张地注视着它的动作，机房里只有敲击计算机键盘发出的嗒嗒声。转眼之间，从激光照排机上输出了第一张八开报纸的胶片，王选怀着兴奋紧张的心情接过这张可以直接印刷的胶片，各种精美的字形、字体、花边、图案美不胜收。1980年，支持这套系统的电脑软件，包括具有编辑、校对功能的软件也先后研制成功，并排印出第一本样书。

精密汉字激光照排系统的发明开创了汉字印刷的一个崭新时代，引发了我国报业和印刷出版业"告别铅与火，迈入光与电"的技术革命，彻底改造了我国沿用上百年的铅字印刷技术。国产激光照排系统使我国传统出版印刷行业仅用了短短数年时间，就从铅字排版直接跨越到激光照排，走完了西方几十年才完成的技术改造道路，被公认为毕昇发明活字印刷术后中国印刷技术的第二次革命。王选两度获中国十大科技成就奖和国家技术进步一等奖，并获1987年我国首次设立的印刷界个人最高荣誉奖——毕昇奖，被誉为"当代毕昇"。

延伸阅读

王选新闻科学技术奖

王选新闻科学技术奖是2005年由国家科技奖励办公室批准设立的，这是目前我国媒体行业，包括通讯社、广播、电视、报刊和网络媒体等唯一经国家批准的跨媒体的科学技术奖项。这个奖项的设立是为了纪念王选院士对我国新闻出版业作出的杰出贡献，同时也是为了鼓励更多的人向王选院士学习，为国家的发展贡献力量。

第八讲

医学药物技术

古老的医疗手段——针灸

针灸是一门古老而神奇的科学，也是我国特有的一种民族医疗方法，具有鲜明的汉民族文化与地域特征。千百年来，针灸对保护人民健康有着卓越的贡献，直到今天仍发挥着重要作用。

远古时期，人们发生某些病痛或不适的时候，偶然被一些尖硬物体，如石头、荆棘等碰撞了身体表面的某个疼痛部位，会出现意想不到的症状减轻或消失的现象。于是，古人便开始有意识地用一些尖利的石块来刺身体的某些部位或人为地刺破身体使之出血，以减轻疼痛。

大约在距今八千至四千年前的新石器时代，相当于氏族公社制度的后期，人们已掌握了挖制、磨制技术，能够制作出一些比较精致的、适合于刺入身体以治疗疾病的石器，这种石器就是最古老的医疗工具砭石。人们就用"砭石"刺入身体的某一部位治疗疾

病。《山海经》中的："有石如玉，可以为针"，是关于砭石的早期记载。可以说，砭石是后世刀针工具的基础和前身。随着古人智慧和社会生产力的不断发展，针具逐渐发展成青铜针、铁针、金针、银针，直到现在用的不锈钢针。

针灸法产生于火的发现和使用之后。在用火的过程中，人们发现身体某部位的病

◆ 《村医图》局部

中华文化公开课

科技文化九讲

◆ 金医针

痛经火的烧灼、烘烤而得以缓解或解除，继而学会用兽皮或树皮包裹烧热的石块、砂土进行局部热熨，逐步发展以点燃树枝或干草烘烤来治疗疾病。经过长期的摸索，选择了易燃而具有温通经脉作用的艾叶作为灸治的主要材料，于体表局部进行温热刺激，从而使灸法和针刺一样，成为防病治病的重要方法。由于艾叶具有易于燃烧、气味芳香、资源丰富、易于加工贮藏等特点，因而后来成为了最主要的灸治原料。

针灸是针法和灸法的合称，是一种中国特有的治疗疾病的手段。它是一种"从外治内"的治疗方法，是通过经络、腧穴的作用，以及应用一定的手法，来治疗全身疾病的。在临床上按中医的诊疗方法诊断出病因，找出疾病的关键，辨别疾病的性质，确定病变属于哪一经脉，哪一脏腑，辨明它是属于表里、寒热、虚实中的哪一类型。然后进行相应的配穴处方，进行治疗。以通经脉，调气血，使阴阳归于相对平衡，使脏腑功能趋于调和，从而达到防治疾病的目的。

作为一门古老而神奇的科学，早在公元6世纪，中国的针灸学术便开始传播到国外。目前，在亚洲、西欧、东欧、拉美等已有120余个国家和地区应用针灸术为本国人民治病，不少国家还先后成立了针灸学术团体、针灸教育机构和研究机构，著名的巴黎大学医学院就开设有针灸课。1980年，联合国世界卫生组织提出了43种推荐针灸治疗的适应病症。1987年，世界针灸联合会在北京正式成立，针灸作为世界通行医学的地位在世界医林中得以确立。

知识小百科

针灸是否疼痛？

针灸是否疼痛取决于两个方面，一个是医生，另一个是病人。一个好的医生，他的针刺入病人体内后，会使病人的局部产生或酸、或麻、或胀、或重的感觉，这种感觉不是存在于病人表皮的，而是来源于针尖所到的部位，这种感觉是非常舒服的，是一种按摩酸疼的肩背的感觉。而一个手法差的医生，带给病人的是进针时的疼痛，行针时的疼痛，跟那种非常舒服的"疼"是完全不一样的。

当然，一个身心放松的病人，也会配合医生的进针，减少针刺发生疼痛的概率。一个非常紧张的病人，那种不好的疼痛感是会经常发生的。所以说，针灸的疼，不是绝对的，好的疼可以解除病人的痛苦，不好的疼是因为病人的紧张和医生的技术太差造成的。

中国自然疗法——推拿按摩

推拿按摩是中国古老的医治伤病的方法，属于现在所崇尚的自然疗法的一种。由于它的方法简便无副作用，治疗效果良好，所以几千年来在我国不断得到发展、充实和提高。

南宋大诗人陆游是个长寿诗人，在"人生七十古来稀"的古代社会，一直活到86岁的高龄。他在《木山》诗中说："摩挲朝暮真千回。"在《病减》诗中又说："病减停汤熨，身衰赖按摩。"从这几句诗看来，陆游认为年老有病的人如果要身体健康有精神，按摩的作用是不可忽视的。

陆游诗中所说的"摩挲""按摩"，也就是推拿。推拿一词是由摩挲、按矫、按摩逐渐演变而来的，此外，推拿还叫"按跷""跷引""案杌"，它是依据中医理

◆ 清代《按摩导引养生秘法》彩图

论，在体表特定部位施以各种手法，或配合某些肢体活动，来恢复或改善身体机能的方法。

推拿按摩作为我国医疗保健的一种方法，可能起源于先人们在劳动时身体扭伤不适，总会不由自主地用手在伤痛之处来回按压，以求减轻病苦。天长日久发现这种方法还是挺管用的。随着经验的积累，便渐渐地摸索出了一系列行之有效的推拿按摩方法。早在《黄帝内经》中，推拿按摩就被列为中医治病的疗法之一了。《灵枢·九针篇》说："形数惊恐，筋脉不通，病生于不仁，治之以按摩醪药。"

西汉时，推拿按摩方法得到了进一步发展，1973年长沙马王堆三号汉墓出土的《五十二病方》中载有"止血出者，燔发，以安其瘀"，已把按摩作为配合治疗创伤出血的方法。真正标志推拿按摩正式成熟并形成体系的，则是我国推拿按摩史上的第一部专著《黄帝岐伯按摩》的推行于世。《黄帝岐伯按摩》全书10卷，可惜后来佚失不传，只有书目可供参考，这不能不说是我国按摩

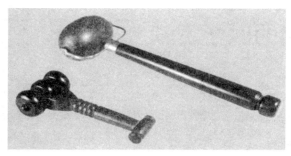

◆ 按摩器

发展史上的一大损失。

由于推拿按摩在医疗实践中的作用，引起了封建统治者的重视，自隋朝开始，太医署设医科、按摩科、咒禁科等，后来唐承隋制，于太医署分科中也设有按摩科。唐朝太医署规定，按摩科设博士，师4人，工16人，学生15人。从此，按摩不仅完全独立成科，并且在教学上形成了一套传授制度。

推拿按摩在宋元明清几代，还有所发展，尤其到了清代，还出现了用器械模仿按摩手法，制成的按摩器。今天，故宫的御药房里还藏有乾隆、光绪期间的两件按摩器，一件是由三颗蜜蜡朝珠做成的，一件是由金星石雕成瓜棱形的按摩器，这个革新创造为祖国医学宝库增添了新内容。

推拿按摩作为一种物理治疗方法，它的作用主要表现在以下几个方面：（1）疏通经络。《黄帝内经》说："经络不通，病生于不仁，治之以按摩"，说明按摩有疏通经络的作用。如按揉足三里，推脾经可增加消化液的分泌功能等。(2)调和气血。明代养生家罗洪在《万寿仙书》里说："按摩法能疏通毛窍，能运旋营卫"。这里的"运旋营卫"，就是调和气血之意。用现代医学来

解释，就是推拿按摩手法的机械刺激，通过将机械能转化为热能的综合作用，以提高局部组织的温度，促使毛细血管扩张，改善血液和淋巴循环，使血液粘滞性减低，降低周围血管阻力，减轻心脏负担，故可防治心血管疾病。(3)提高机体免疫能力。通过按摩可以使白细胞的数量增加，并能增强白细胞的噬菌能力，也就是加强了人体的抗病能力。

推拿按摩手法因历代医家的研究发现而出现了很多种，但归纳起来，常用的不外乎按法、摩法、推法、拿法、揉法、捏法、颤法、打法八种。推拿按摩手法由于具有简单易学、便于操作、疗效显著、费用低廉、无毒副反应等优点而备受人们的喜爱。近年来，按摩疗法被公认为非药物疗法的代表，深受国内外各届人士的推崇。

延伸阅读

宋美龄的按摩养生术

宋美玲，是中国近现代史上许多重大事件的参与者和见证者，也是一位富有传奇色彩的女性，还是一位长寿老人，终年106岁。据了解，宋美龄的长寿与她长期进行推拿按摩有重要关系。早在宋美龄母亲有病时，就有医师建议她用按摩法为母亲解除痛苦。后来，她从书上了解到按摩可以让胸腺不失时机地分泌有益于女性健康与健美的胸腺素，她就开始自己给自己按摩胸乳。后来，宋美龄到了台湾，在台湾生活期间，她开始配备专职按摩师。她要求按摩师不仅为她按摩后背的穴位，还要为她进行全身性的按摩，如果有一天不进行这种按摩，她就会心绪不安、寝食不宁。后来，一位医生指点她，足部按摩不仅舒服，同时也是一种排毒治病的过程。于是，她又增加了足部的按摩。据说足部按摩治疗开始不久后，她的胃病便有所好转。

神医扁鹊的医学贡献

扁鹊是我国医学科学的奠基人，是民间医学的开创者，他发明四诊，最早实施外科手术和麻醉术，革新医疗器具，是中国传统医学的鼻祖，对中医药学的发展有着特殊的贡献，世人敬他为神医。

扁鹊（前407—前310），原名秦越人，又号卢医，勃海郡郑（今河南郑州新郑市）人，春秋战国时代名医。

扁鹊少年时期在故里做过舍长，即旅店的主人。当时在他的旅舍里有一位长住的旅客长桑君，他俩过从甚密，感情融洽。长期交往以后，长桑君终于对扁鹊说："我掌握着一些秘方验方，现在我已年老，想把这些医术及秘方传授予你，你要保守秘密，不可外传。"扁鹊当即拜长桑君为师，并继承其医术，成为一代名医。

扁鹊成名后，周游各国，为君侯看病，也为百姓除疾。他的技术十分全面，无所不通。在邯郸听说当地尊重妇女，他便做妇科医生。在洛阳，因为那里很尊重老人，他就做了专治老年病的医生。秦国人最爱儿童，他又在那里做了儿科大夫，不论在哪里，都是声名大振。

根据史料记载，魏文王曾求教于扁鹊："你们家兄弟三人，都精于医术，谁是医术最好的呢？"扁鹊："大哥最好，二哥差些，我是三人中最差的一个。"

魏王不解地说："请你介绍的详细些。"

扁鹊解释说："大哥治病，是在病情发作之前，那时候病人自己还不觉得有病，但大哥就下药铲除了病根，使他的医术难以被人认可，所以没有名气，只是在我们家中被推崇备至。我二哥治病，是在病初起之时，症状尚不十分明显，病人也没有觉得痛苦，二哥就能药到病除，使乡里人都认为二哥只是治小病很灵。我治病，都是在病情十分

◆ 扁鹊像

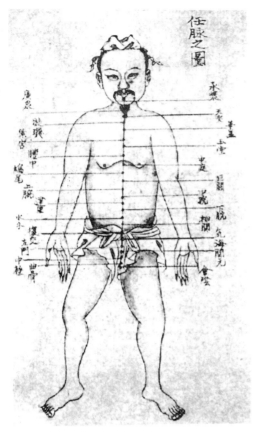

◆ 任脉图

严重之时，病人痛苦万分，病人家属心急如焚。此时，他们看到我在经脉上穿刺，用针放血，或在患处敷以毒药以毒攻毒，或动大手术直指病灶，使重病人病情得到缓解或很快治愈，所以我名闻天下。"

扁鹊发明四诊

扁鹊在诊视疾病中，已经应用了中医全面的诊断技术，即后来中医总结的四诊：望诊、闻诊、问诊和切诊，当时扁鹊称它们为望色、听声、写影和切脉。他精于望色，通过望色判断病症及病症演变的结果。如扁鹊晋见蔡桓公时，通过望诊判断出桓侯有病，但是病情尚浅。他劝蔡桓公接受治疗，但桓侯因自我感觉良好，拒绝治疗。不久，扁鹊再度晋见桓公，指出他病情已加重，病位已进展到血脉，再次劝说他接受治疗。但蔡桓公不听，认为扁鹊在炫耀自己，并以此牟利。当扁鹊第三次晋见他时，蔡桓公的病情已恶化，病位进入到内部肠胃。但蔡桓公仍不听从扁鹊的劝解，拒绝治疗。最后一次，扁鹊判断出桓侯病情危重，已进入到骨髓深处，病入膏肓，无法救治。果然不出所料，蔡桓公不久即发病，不治而死。

扁鹊的预防思想

扁鹊十分重视疾病的预防。他认为对疾病只要预先采取措施，把疾病消灭在初起阶段，是完全可以治好的。他曾颇有感触地指出：客观存在的疾病种类很多，但医生却苦于治疗疾病的方法太少。因此，他很注重疾病的预防。

延伸阅读

扁鹊遇害

秦武王与武士们进行举鼎比赛，不小心伤了腰部，疼痛难忍，吃了太医李醯的药，也不见好转，并且更加严重。有人将神医扁鹊到了秦国的事告诉了武王，武王传令扁鹊入宫。扁鹊看了武王的神态，按了按他的脉搏，用力在他的腰间推拿了几下，又让武王自己活动几下，武王立刻感觉好了许多。接着扁鹊又给武王服了一剂汤药，病状就完全消失了。武王大喜，想封扁鹊为太医令。李醯知道后，决定除掉扁鹊这个心腹之患，他派刺客杀害了扁鹊。后来，人们在扁鹊的家乡建造起"药王庙"，专门供奉他。

第八讲 医学药物技术

现存最早的中医理论专著——《黄帝内经》

《黄帝内经》是中国传统医学四大经典著作之一，也是第一部冠以中华民族先祖"黄帝"之名的传世巨著，它是我国医学宝库中现存成书最早的医学典籍，成为中国医药学发展的理论基础和源泉。

相传在黄帝时期，人们生活在极端艰苦的环境中。经常遭受野兽的伤害和烈火、洪水等自然灾害的威胁，在打猎的过程中还不断出现跌打损伤等事故。黄帝为此寝食难安。那时候，没有人懂得用药物治病，一旦生病，就只有听天由命。

有一次，黄帝带领一支队伍进山狩猎，一只老虎突然向他们猛扑过来，黄帝急忙拉弓向老虎射了一箭。由于没有射中要害，箭头从虎背穿皮而过，受伤的老虎逃走了。几天后，有人发现这只老虎在树林里专门寻找一种长叶草吃，一边吃还一边用舌头舔背上的伤口。虎背上的伤口没有血迹，也没溃烂。

黄帝听到这件事，立刻命人去察看，并一再叮咛不许杀害老虎。察看的人回来说："受伤的老虎吃了这种长叶草，伤口不但不流血，而且已慢慢愈合。"黄帝听后，沉思一会儿，便派人把老虎吃的这种长叶草采集回来，专门给部落里受伤流血的人吃。受伤流血的人吃了这种长叶草，果然收到止血止痛的效果。

这件事给了黄帝很大启发，他知道自然界有很多东西都可以用来治疗疾病。于是他命雷公、歧伯二人，经常留意山川草木，虫鸟鱼兽，看它们如何生存。雷公、歧伯按照黄帝的吩咐，对自然界的飞禽走兽，草木花卉等，都详细地加以观察和记录，进行研究和试验，直到最后确认什么东西能治什么病为止，再由黄帝把它们正式整理出来，定名为《黄帝内经》。

上面是《黄帝内经》成书的传说，事实上《黄帝内经》是托名黄帝及其臣子雷公、歧伯等论医之书，由《灵枢》和《素问》两部分组成。

◆ 《黄帝内经·素问》书影

◆ 黄帝陵

《黄帝内经》大约成书于2000年前的秦汉时期，是研究人的生理学、病理学、诊断学、治疗原则和药物学的医学巨著。它博大精深的科学阐述，不仅涉及医学，而且包罗天文学、地理学、哲学、人类学、社会学、军事学、数学、生态学等各项人类所获的科学成就。在理论上建立了中医学上的"阴阳五行学说""脉象学说""藏象学说""经络学说""病因学说""病机学说""病症""诊法"，以及"养生学""运气学"等学说。对人体的解剖、生理、病理以及疾病的诊断、治疗与预防，做了比较全面的阐述，确立了中医学独特的理论体系，成为中国医药学发展的理论基础和源泉。

《黄帝内经》的成就可以用三个"第一"来概括。

第一部中医理论经典

人类出现以后，就有疾病，有了疾病必然就要寻求各种医治的方法，所以医疗技术

的形成的确远远早于《黄帝内经》。但中医学作为一个学术体系的形成，却是从《黄帝内经》开始的，所以《黄帝内经》被公认为中医学的奠基之作。这部著作第一次系统讲述了人的生理、病理、疾病、治疗的原则和方法，为人类健康作出了巨大的贡献。

第一部养生宝典

《黄帝内经》中讲到了怎样治病，但更重要的是讲怎样不得病，怎样使我们在不吃药的情况下就能够健康、能够长寿，是一部养生宝典。

第一部关于生命的百科全书

《黄帝内经》以生命为中心，里面讲了医学、天文学、地理学、心理学、社会学，还有哲学、历史等，是一部围绕生命问题而展开的百科全书，反映了我国古代的天人合一思想。

知识小百科

《黄帝内经》的经络之谜

在《黄帝内经》中，经络的概念贯穿于全书。《黄帝内经》的"经络之谜"被称为千古之谜。经络到底是什么？直到近年来，这个谜底才逐渐揭开：经络是经脉和络脉，经脉犹如直通的径路，是经络系统中的主干，络脉犹如网络，是经脉的细小分支。经络是人体内气血运行的通路。关于血液循环的理论，西方直到18世纪才认识到。

现存最早的药物学专著——《神农本草经》

《神农本草经》是我国现存最早的药物学专著，是我国早期临床用药经验的第一次系统总结，被誉为中药学经典著作。直到今天，仍是中医药学的重要理论支柱，也是医学工作者案头必备的工具书之一。

上古时候，五谷和杂草长在一起，药物和百花开在一起，哪些粮食可以吃，哪些草药可以治病，谁也分不清，所以人们经常遭受饥饿和病痛的折磨。老百姓的疾苦，神农氏瞧在眼里，疼在心头。怎样给百姓充饥？怎样为百姓治病？神农苦思冥想了三天三夜，终于想出了一个办法。

他带着一批臣民，从家乡随州历山出发，向西北大山走去。来到一座茫茫大山脚下，他们攀登木架，上了山顶。山上真是花草的世界，红的、绿的、白的、黄的，各色各样，密密丛丛。神农喜欢极了，他叫臣民们防着狼虫虎豹，他亲自采摘花草，放到嘴里尝。白天，他领着臣民到山上尝百草，晚上，生起篝火，他就着火光把哪些草是苦的，哪些热，哪些凉，哪些能充饥，哪些能医病写得清清楚楚。他尝完一山花草，又到另一山去尝，一直尝了七七四十九天，踏遍了这里的山山岭岭。他尝出了麦、稻、谷子、高粱等能充饥，就叫臣民把种子带回去，让黎民百姓种植，这就是后来的五谷。他尝出了365种草药，写成《神农本草》，

叫臣民带回去，为天下百姓治病。

通常认为，《神农本草经》成书于东汉时代，约公元1世纪前后。在《黄帝内经》之后，《伤寒杂病论》之前，全书3卷，收载药物365种，其中植物药252种，动物药67种，矿物药46种。书中叙述了各种药物的名称、性味、有毒无毒、功效主治、别名、生长环境、采集时节以及部分药物的质量标

◆ 神农氏像

科技文化公开课

中华文化公开课

◆ 银漏斗。古代医疗工具，用于给病人灌药时使用。

准、炮炙、真伪鉴别等，所载主治病症包括了内、外、妇、儿、五官等各科疾病170多种，并根据养命、养性、治病三类功效将药物分为上、中、下三品。上品120种为君，无毒，主养命，多服久服不伤人，如人参、阿胶；中品120种为臣，无毒或有毒，主养性，具补养及治疗疾病之功效，如鹿茸、红花；下品125种为佐使，多有毒，不可久服，多为除寒热、破积聚的药物，主治病，如附子、大黄。书中有200多种药物至今仍常用，其中有158种被收入1977年版的《中华人民共和国药典》。

《神农本草经》有序例(或序录)自成1卷，是全书的总论，归纳了13条药学理论，首次提出了"君臣佐使"的方剂理论，一直被后世方剂学所沿用，但在使用过程中，含义已渐渐演变，关于药物的配伍情况，书中概括为"单行、相须、相使、相畏、相恶、相反、相杀"七种，称为七情，指出了药物的配伍前提条件，认为有的药物合用，可以相互加强作用或抑制药物的毒性，因而宜配

合使用；有的药物合用会使原有的药理作用减弱，或产生猛烈的副作用，这样的药应尽量避免同时使用。书中还指出了剂型对药物疗效的影响，丸、散、汤、膏适用于不同的药物或病症，违背了这些，就会影响药物的疗效。

《神农本草经》还注意到药物的产地、采集时间、炮制、质量及真伪鉴别等，为本草学发展奠定了基础。书中对各种药物应该怎样相互配合应用，以及简单的制剂，都做了概述。更可贵的是早在2000年前，我们的祖先通过大量的治疗实践，已经发现了许多特效药物，如麻黄可以治疗哮喘，大黄可以泻火，常山可以治疗疟疾等等。这些都已用现代科学分析的方法得到证实。

延伸阅读

茶的由来

《神农本草经》中写道："神农尝百草，日遇七十二毒，得荼而解之。"传说，有一次，神农尝草中毒，恍惚之中发现一种开白花的常绿树生长的嫩芽犹如九头凤的舌头一样，神农顺手摘了一把吃下，嫩芽立即在他肚内上下左右游动洗涤，好似在肚内检查什么，接着肚痛逐步减轻而慢慢好了，而且精力倍增。于是神农就把这种绿叶称为"查"，以后逐渐把"查"字演变为"茶"字了。

外科鼻祖华佗的医学成就

中国的医学到汉代已经有了很多辉煌的成就，华佗批判地继承了前人的优秀学术成果，在总结前人经验的基础上，创立新的学说。华佗是我国医学史上为数不多的杰出外科医生之一，他首创用全身麻醉法施行外科手术，被后世尊为"外科鼻祖"。

华佗（约145—208），字元化，一名旉，沛国谯（今安徽省亳州市谯城区）人，东汉末年医学家，与董奉、张仲景被并称为"建安三神医"。

华氏家族本是一个望族，其后裔中有一支定居于谯县以北十余里处风景秀丽的小华庄（今安徽省亳州市谯城区华佗镇）。至华佗时家族已衰微，但家族中对华佗寄托了很大的期望。从其名、字来看，名"佗"，乃负载之意，"元化"是化育之意。华佗自幼刻苦攻读，习诵《尚书》《诗经》《周易》《礼记》《春秋》等古籍，逐渐具有了较高的文化素养。

华佗行医，并无师传，主要是精研前代医学典籍，在实践中不断钻研、进取。当时我国医学已取得了一定成就，《黄帝内经》《黄帝八十一难经》《神农本草经》等医学典籍相继问世，望、闻、问、切四诊原则和导引、针灸、药物等诊治手段已基本确立和广泛运用；而古代医家，如战国时的扁鹊，西汉的仓公，东汉的涪翁、程高等，所留下的不慕荣利富贵、终生以医济世的动人事迹，所有这些不仅为华佗精研医学提供了

可能，而且陶冶了他的情操。华佗精通内、外、儿、妇、针灸各科，特别擅长外科，是世界上最早使用麻醉法施行外科手术的医生，比西方采用麻醉术早1600多年。

华佗制麻沸散

从东汉末年到三国时期，兵荒马乱，战祸连年，受伤的士兵不计其数。动手术时，那些伤兵痛苦的哀号让人毛骨悚然。作为外科手术医生，华佗一直在思考减轻患者痛苦

◆ 华佗像

科技文化公开课

中华文化公开课

◆ 五禽戏。图中从左至右分别为模仿虎、猿、鸟、熊、鹿的动作。

的方法。

一天傍晚，华佗家里来了一位病人。病人的家属说，这位年轻人喝醉了酒，在家门口酒性大发，跌得头破血流，请医生赶快救救他。

华佗察看了伤势，额头上有道创口，血流得吓人。华佗赶快给他洗了伤口，用药线给他缝合并敷了药。病人家属千恩万谢地抬走了依旧醉得不省人事的年轻人。

华佗却陷入了沉思：别人缝创口时，鬼哭狼嚎；这个醉酒的病人却连一丝痛苦的表情都没有。看来应该是酒能迷性，迷性之后，就不觉疼痛。这个发现让华佗欣喜不已。经过再三斟酌，他决定用曼陀罗花作主药，配上其他中药，制成一帖让人麻醉的药，这就是世界史最早的麻醉剂——麻沸散。

五禽戏

在医疗体育方面，华佗也有着重要贡献。他创立了著名的五禽戏，就是模仿五种动物的形态、动作和神态，来舒展筋骨，畅通经脉。五禽，分别为虎、鹿、熊、猿、鸟，常做五禽戏可以使手足灵活，血脉通畅，还能防病祛病。他的学生吴普桑用这种方法强身，活到了90岁还是耳聪目明，齿发坚固。

应用心理疗法

华佗还是一名能运用心理疗法治疗疾病的专家。一次，一位太守请他看病，华佗认为经过一次大怒之后，他的病就会好。于是他接受了许多财物，却不给他好好看病，不久又弃他而去，并留下了一封书信骂他。太守大怒，让人去追，他的儿子知道事情的真相，便悄悄拦住了去追赶他的人。太守在极度愤恨之下，吐出了几升的黑血，病很快就好了。

延伸阅读

华佗之死

华佗因医术精湛名震远近。一天，曹操召见了他。原来曹操早年得了一种头风病，中年以后日益严重，发作时心乱目眩，头痛难忍。华佗在曹操胸椎部的鬲俞穴扎针，片刻之后就好了。曹操十分高兴，留华佗在府中，还允许他为百姓治病。208年，曹操操纵朝政，总揽军政大权，他命令华佗做他的侍医，不得再为他人看病。华佗的理想是以医济世，决心离开曹操，便找了个理由告假回家，一去不归。曹操恼羞成怒，派出专使将华佗押解回许昌，在狱中处决了华佗。

医药理论之大成——《伤寒杂病论》

《伤寒杂病论》是中国医学方书的鼻祖，是我国医学史上影响最大的古典医著之一，也是我国第一部临床治疗学方面的巨著。《伤寒杂病论》发展并确立了中医辨证论治的基本法则，在整个世界都有着深远的影响。

张仲景（约150—219），名机，字仲景，东汉末年著名医学家，被人称为"医中之圣，方中之祖"，南阳郡涅阳（今河南省南阳市）人。张仲景在几十年的行医生涯中不断探索，医术是精益求精。建安十年（205）张仲景开始着手撰写《伤寒杂病论》。《伤寒杂病论》集秦汉以来医药理论之大成，并广泛应用于医疗实践，是我国第一部临床治疗学方面的巨著。

辨证论治

辨证论治，是中医学的专业术语，要求医生运用各种诊断方法，辨别各种不同的症候，对病人的生理特点以及时令节气、地区环境、生活习俗等因素进行综合分析，研究其致病的原因，然后确定恰当的治疗方法。

有一次，两个病人同时来找张仲景看病，都说头痛、发烧、咳嗽、鼻塞。张仲景给他们切了脉，确诊为感冒，并给他们各开了剂量相同的麻黄汤，发汗解热。

第二天，一个病人服了药以后，出了一身大汗，头痛得比昨天更厉害了。另一个病人服了药后出了一身汗，病好了一大半。张仲景觉得奇怪，为什么同样的病，服相同的药，疗效却不一样呢？他仔细回忆昨天诊

治时的情景，猛然想起在给第一个病人切脉时，病人手腕上有汗，脉也较弱，而第二个病人手腕上却无汗，他在诊断时忽略了这些差异。

病人本来就有汗，再服下发汗的药，不就更加虚弱了吗？这样不但治不好病，反而会使病情加重。他立即改变治疗方法，给病人重新开方抓药，结果病人的病情很快便好转了。这件事给他留下了深刻的教训：同样是感冒，表症不同，治疗方法也不应相同，

◆ 张仲景像

◆ 汉代手术图

因此各种治疗方法需要医生根据实际情况运用，不能一成不变。

人工呼吸

张仲景是最早采用人工呼吸方法救人的医学家。有一次，张仲景在行医时，发现有户人家门前聚集了很多人，他上前一看，只见一个人躺在地上，旁边有几位妇女在哭泣。张仲景一问情况，原来是地上那人因穷得活不下去而上吊自尽，被家属发现，虽然被解救下来，但已经不能动弹了，时间还不算久。张仲景马上挤开人群，吩咐把人放在床板上，用被子盖好保暖；叫两个人用力按摩他的胸脯，一面活动他的双手，自己则用手掌按压那人的腰部和腹部，一紧一松，不到半个钟点，那人居然有了微弱的呼吸；再继续一会儿，那人就清醒过来了。

药物灌肠

张仲景是我国首次使用肛门栓剂治疗大便干结的医生。一次有个病人大便干结，人很虚弱，特地来请张仲景治疗。张仲景对病人的状况进行了观察，他发现病人虚弱，不宜用泻药，但是不泻病人的病又治不好，这种上虚下实的病，很难治。张仲景经过反复思考，决定采用新的疗法。他取来蜂蜜，煎干水分，捏成长条形，塞入病人肛门。由于病人肠道得到滋润，大便很快就溶开，大便畅通后，热邪排了出来，病情立即好转了。这种方法和原理至今还被临床采用，并拓展到其他一些疾病的治疗。

胆道蛔虫的治疗方法

"胆道蛔虫症"是现代医学的一个病名，是由蛔虫钻入胆道所引起的。早在1900多年前，张仲景在《金匮要略方论》中就指出蛔虫引起心痛的特点：心窝部的阵发性剧痛，且伴有恶心呕吐。当疼痛剧烈时，还会出现手足厥冷，呕吐蛔虫等症状。胆道蛔虫病后果严重，有时蛔虫还会从总输胆管钻到肝管甚至胰腺管里去，引起致命的急性胰腺炎、肝炎等等。张仲景提出用乌梅丸来治疗。根据现代药理学实验证明，乌梅有抗过敏作用，能使胆囊收缩，促进胆汁分泌。如果把乌梅与其他药物配伍，则具有使蛔虫退缩，离开胆道的作用。因此，《金匮要略方论》中提到的乌梅丸治蛔厥，是世界上最早的驱除进入胆道的蛔虫的有效方剂。

第八讲 医学药物技术

201

第一部针灸学的著作——《针灸甲乙经》

皇甫谧是中医领域"针灸疗法"的创始人，他所编撰的《针灸甲乙经》是一部影响中国针灸学发展的划时代著作，对后世针灸医学的发展有着重大的影响。远在隋唐时期，就已作为医学教育的必学课本，并被视之为经方。

皇甫谧（215—282），幼名静，字士安，自号玄晏先生，安定朝那（今甘肃灵台县朝那镇）人，魏晋年间著名的作家、医学家，我国"针灸疗法"的创始人。

皇甫谧幼年时父母双亡，便过继给了叔父，由叔父叔母抚养成人。他在幼时十分贪玩，20岁时才开始读书。他对百家之说尽数阅览，学识渊博而沉静少欲，并著有《孔乐》《圣真》等书，在文学方面有很高的成就。

40岁时，皇甫谧患上了风痹病，十分痛苦，但他在学习上却仍是不敢怠慢。在抱病期间，他读了大量的医书，尤其对针灸学十分有兴趣。但是随着研究的深入，他发现以前的针灸书籍深奥难懂而又错误百出，十分不便于学习和阅读。于是他通过自身的体会，摸清了人体的脉络与穴位，并结合《灵枢》、《素问》和《名堂孔穴针灸治要》等书，悉心钻研，著述了我国第一部针灸学专著《针灸甲乙经》。

《针灸甲乙经》共10卷，128篇，内容包括脏腑、经络、腧穴、病机、诊断、治疗等。《针灸甲乙经》对针灸穴位的名称、部位、取穴方法等，逐一进行考订，并重新厘定孔穴的位置，同时增补了典籍未能收入的新穴，使全书定位孔穴达到349个，其中双穴300个，单穴49个，比《内经》增加189个穴位。

《针灸甲乙经》对穴位的分布采取了分区记述的方法，如头部分正中，两侧再分五条线与脑后各有穴若干；面部、耳部、颈部、肩部各有穴若干；胸、背、腰、腹部分之正中，两侧各线各有穴若干；四肢部分三阳、三阴各有穴若干。部位明确，相互关系清楚，有利于学习和临床运用，该法为历代

◆ 青铜鎏金医用冷却器

科技文化公开课

中华文化九讲

◆ 古代用于急救重病患者时使用的银质工具

中外学者所沿用。

《针灸甲乙经》在晋以前医学文献的基础上，对经络学说进行了比较全面的整理研究，对人体的十二经脉、奇经八脉、十五络脉以及十二经别、十二经筋等之内容、生理功能、循行路线、走行规律以及其发病特点等作了理论的概括和比较系统的论述，成为后世对此学说研究论述的依据。

《针灸甲乙经》在前人经验的基础上，提出适合针灸治疗的疾病和症状等共计800多种，基本上达到了条分缕析，内容比较丰富，使学习者易于掌握。该书还阐明针灸方法和临床禁忌，提示针灸医生为病人施治时，必须掌握时机，根据病人的不同体质、不同病情，采用不同的针刺艾灸的手法和技术。要求选穴适宜，定穴准确，操作严谨，补泻手法适当等等。

《针灸甲乙经》是我国现存最早的一部理论联系实际，有重大实用价值的针灸学专著，被人们称做"中医针灸学之祖"，一向被列为学医者必读的古典医书之一。唐代医家王焘评价它"是医人之秘宝，后之学者宜遵用之"。晋以后的许多针灸学专著，大都

是在参考此书的基础上加以发挥而写出来的，也都没有超出它的范围。直至现在，我国的针灸疗法，虽然在穴名上略有变动，但在原则上均本于它。

唐代时，医署开始设立针灸科，并把《针灸甲乙经》作为医生必修的教材。1600多年来，它始终为针灸医生提供了临床治疗的具体指导和理论根据。后来，此书流传到了日本、朝鲜等国家，享誉世界。

延伸阅读

皇甫谧与"洛阳纸贵"

西晋时期，有一个作家叫左思。他年少时，脑子比较迟钝，父亲教他写字，他总写得歪歪扭扭，教他弹琴，他怎么学也弹不出一支像样的曲子来。左思的父亲很生气，指着左思对朋友说："我这儿子真没出息，学什么也学不成。"左思听了很难过，从此刻苦读书，终于写成了《三都赋》。他带着《三都赋》的文稿，去拜访当时名气很大的皇甫谧，并希望皇甫谧能举荐他。皇甫谧看了左思的文稿，连声称赞，并答应亲自给《三都赋》写篇序文。《三都赋》传出以后，人们争相传阅，京城里的文人和富豪贵族，都争着买纸来抄写阅读。一时把洛阳城里的纸都买光了，洛阳城里的纸价因此突然大涨。

第八讲　医学药物技术

最早的脉学著作——《脉经》

《脉经》是中国医学史上现存第一部有关脉学的专书，是有关脉学知识的一次总结，在中国医学发展史上，有着十分重要的位置，在国内外影响极大。

《脉经》是魏晋期间著名的医学家王叔和的脉学专著，这部作品将我国脉学研究推进到一个新的阶段，促进了中医诊断学的发展。

脉诊有着悠久的历史，它是中医诊断学中一个重要的组成部分，也是我国在世界医学史上的独特创造。《周礼》《内经》《难经》《伤寒杂病论》等中医古籍中都有关于脉学的记载。但是，这些资料却非常零乱、繁杂，说法很不统一。为了提高脉学的科学性，更好地发挥其在临床诊断中的作用，王叔和觉得需要将其系统化和规范化，于是，他毅然担起了撰写《脉经》的重任。

王叔和曾做过太医令，他利用这有利的机会，搜求各种脉学资料，旁征博引，采撷群论，然后根据自己的临床体验，按照"百病根源，各以类相从"的方法，分清纲目，依类编排，精心整理，终于在260年完成了这部伟大的著作。全书共10卷，97篇，10万余字。

《脉经》的突出贡献表现在以下几个方面：

归纳并准确描述脉象

《脉经》第一次对古代医学文献散载的30余种脉名进行整理，总结归纳脉象为浮、芤、洪、滑、数、促、弦、紧、沉、伏、革、实、微、涩、细、软、弱、虚、散、缓、迟、结、代、动24种，并准确描述了各种脉象在指下的不同感觉。比如所载："浮脉：举之有余，按之不足"；"沉脉：举之不足，按之有余"。以后历代中医著述对于

◆ 诊脉塑像

中华文化公开课 *科技文化九讲*

脉象的描述，基本都未离开《脉经》的基本概念。

首开脉象鉴别先河

《脉经》在提出24脉象后，紧接着提出浮与芤、弦与紧、革与实、滑与数、沉与伏、微与涩、软与弱、迟与缓八组相类脉，提醒医生要注意脉象的区别对照，对后世医家对脉象的鉴别有很大的启示作用。

确立三部脉法和脏腑分候定位

《脉经》在《难经》的基础上，将寸、尺二部脉法发展为寸、关、尺三部脉法；把《内经》遍身诊脉法之三部加以发挥，解释为掌后脉口寸关尺三部，并以寸关尺三部各有天地人三候，合为九候。这种"寸口三部九候"的提法是最早的。它还提出寸关尺三部左手依次候心小肠、肝胆、肾膀胱，右手依次候肺大肠、脾胃、肾膀胱的脏腑分配观点，从而使独取寸口脉法在理论与方法上趋于完善，推进了这种简便易行的诊脉法的临床普遍应用。《脉经》的脏腑定位，历代除大小肠、三焦脉位略有歧议外，一直沿用至今，成为中医脉学诊断学的重要组成部分之一。

论述脉象的临床意义

《脉经》对不同脉象的临床意义也作了大量论述：一是对脉象主病进行原则概括，如"迟则为寒""洪则为热"；二是结合脉、证、病机、治疗进行综合总结，如"寸口脉芤吐血，微芤者衄血。空虚血去故也。宜服竹皮汤、黄芪汤，灸膻中"等。这些论

◆ 《脉经》书影

述反映出当时的脉象病理研究已达到较高水平，对临床也一直有重要的参考价值。

《脉经》问世之后，备受历代医学家的重视，隋唐后被列为学医的必读书目，而且对国外医学的发展也作出了一定的贡献。

延伸阅读

王叔和姓什么

一般人都认为王叔和原姓王，名熙，字叔和。但据考证，王叔和应姓王叔，名和，是周襄王儿子王叔虎的后代。

清朝名医大家李士材(著有《本草图解》)门下的嫡传弟子尤乘，曾出任清朝太医院御前侍直三年。他在所撰《尤氏(乘)增补诊家正眼》中说："西晋王叔氏所著脉经，其理渊微，其文古奥，读者未必当下领会，以致六朝高阳生伪诀，得以行于世，而实为大谬。"可见，王叔和确实非"王氏"，而是"王叔氏"。

第八讲 医学药物技术

古代的急症手册——《肘后备急方》

《肘后备急方》我国第一部临床急救手册，书中描写的天花症状，以及其中对于天花的危险性、传染性的描述，都是世界上最早的记载，而且描述得十分精确。尤其是用狂犬脑组织治疗狂犬病的方法，被认为是中国免疫思想的萌芽。

葛洪（284—364），字稚川，号抱朴子，东晋丹阳郡句容（今江苏句容县）人，道教学者、著名炼丹家、医药学家。葛洪从小就喜欢读有关医药、保健和炼丹制药的书，留心民间流行的简便的治病方法。他结合各种验方和医药知识，写成一本《肘后备急方》，讲述日常生活中会遇到的内科急症、外伤及传染病等，所收集方剂多经实践检验，采药方便、便宜。这部书共8卷70篇，卷帙不多，可以挂在胳膊肘上随身携带，相当于今天的"急症手册"。

葛洪治疗狂犬病

在《肘后备急方》中记载了一种叫犬咬人引起的病症，即今天的狂犬病。那时葛洪住在广州罗浮山，有一天，葛洪入山采药，路经一个小山村，听到村头一位妇人在号啕痛哭。走近询问，才知道她七八岁的孩子被疯狗咬了，吓得昏死过去。围观的人都摇着脑袋，谁都知道，被疯狗咬伤的人，不出一个月，便要像疯狗一样发起疯来，逢人便咬，被咬的人也会染上这种病，最后浑身抽搐，不治而亡。

葛洪见状，心头泛起了波澜，能见死不救吗？可自己从未治过这种险症，书上也从来没有记载过医治这种绝症的办法。最后他想到了医书上写的"以毒攻毒"的原则，便对在场的人说："咬人的疯狗在哪里？快打死它！"

◆ 杭州葛岭的抱朴道院。相传葛洪在此升天，成了神仙。

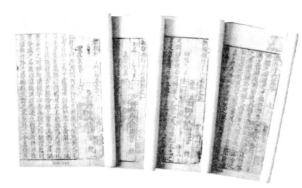

◆ 《抱朴子》书影

他的话提醒了大家，疯狗还会咬人，非打死它不可！几个小伙子拿起棍棒，很快找到了疯狗，一顿乱棍把那只疯狗打死了。葛洪让人把疯狗拖来，用斧头劈开狗脑，取出脑子，捣烂以后敷到孩子的伤口上，同时抓了一些药替孩子调养。过了几个月，葛洪再经过那个村子，发现那孩子居然奇迹般地痊愈了，他立即把这件事记录在自己的《肘后备急方》里。

天花和恙虫病的发现

在世界医学历史上，葛洪还第一次记载了两种传染病，一种是天花，一种叫恙虫病。葛洪在《肘后备急方》里写道：有一年发生了一种奇怪的流行病，病人浑身起一个个的疱疮，起初是些小红点，不久就变成白色的脓疱，很容易碰破。如果不好好治疗，疱疮一边长一边溃烂，人还要发高烧，十个有九个治不好，就算侥幸治好了，皮肤上也会留下一个个的小瘢。

葛洪描写的这种奇怪的流行病，正是后来所说的天花。西方的医学家认为最早记载天花的是阿拉伯的医生雷撒斯，其实葛洪生活的时代比雷撒斯要早500多年。葛洪把

恙虫病叫做"沙虱毒"。现在已经弄清楚，沙虱毒的病原体是一种比细菌还小的微生物，叫"立克次氏体"。葛洪不但发现了沙虱，还知道它是传染疾病的媒介。他的记载比美国医生帕姆在1878年的记载要早1500多年。

结核病的最早记载

葛洪在《肘后备急方》里面，记述了一种叫"尸注"的病，说这种病会互相传染，并且千变万化。染上这种病的人闹不清自己到底哪儿不舒服，只觉得怕冷发烧，浑身疲乏，精神恍惚，身体一天天消瘦，时间长了还会丧命。葛洪描述的这种病，就是现在我们所说的结核病。结核菌能使人身上的许多器官致病。肺结核、骨关节结核、脑膜结核、肠和腹膜结核等等，都是结核菌引起的。葛洪是我国最早观察和记载结核病的科学家。

延伸阅读

葛洪卖薪买纸的故事

葛洪的祖父、父亲都是读书人，他从小就热爱学习，但是连年的战乱，家中的书籍已经所剩无几了。农闲的时候，葛洪便背上空箱子，徒步跋涉，到处去借书看。但在战乱中，要想借到一部首尾完整的书，必须跑了东家又跑西家，东拼西凑，才有可能把一本书凑齐。而借书总是有归还期限的，有时候好不容易借到一部好书，还没有来得及细细研读，就要归还了。要想解决这个问题，唯一的办法就是抄书。但是抄书需要笔墨纸张，这也是个大难题。为了抄书，葛洪白天挤出时间上山砍柴，用卖柴火的钱买来纸张，晚上在油灯下奋笔疾书。就这样，葛洪一边辛勤劳动，一边刻苦学习，终于在医学、化学等方面作出了卓越的贡献。

"药王"孙思邈

孙思邈是中国古代医德医术都堪称一流的医学名家，也是世界史上著名的医学家和药物学家，他的著作《千金要方》和《千金翼方》是中国医药学宝库中的重要组成部分，继承和发扬了我国古代医学的精华。

孙思邈（约581—682），京兆华原（今陕西耀县）人，我国唐代著名医学家。他自幼勤奋好学，尤其喜欢研究医学，青年时代就已经成为远近闻名的医生。

在长期的医疗实践中，他感到过去的一些方药医书，浩博庞杂，分类也不妥当，查找很难，等找到药方已来不及医治了。于是，他一方面认真学习前人的经验，一方面广泛搜集民间的药方，着手编著新的医书。经过长期的努力，大约在652年，他70多岁时，写成了第一部医书《备急千金要方》30卷，简称《千金要方》。后来，他又在101岁的高龄，写成了第二部医书《千金翼方》30卷，作为对前书的补充。

对针灸学的贡献

孙思邈的医术非常高明，在针灸和医治一些疑难病症方面都很有成就。有一次，一个腿疼的病人前来就诊，孙思邈便给他针灸。他按照传统的疗法，扎了几针，都未能止疼。他想，难道除了古人发现的365个穴位之外，再没有别的穴位了吗？他认真仔细地寻找新的穴位，一面用大拇指轻轻按掐，一面问病人按掐的部位是不是疼。病人一直都摇头。当孙思邈手指按掐住一个新的部位

时，病人立即感到腿疼的症状减轻了好多。孙思邈就在这一点扎了一针，病人的腿立刻不疼了。这种随疼点而定的穴位，叫做"阿是穴"，又名"天应穴"或"不定穴"。这是孙思邈对针灸学的一大贡献。

重视养生保健

孙思邈很重视妇婴保健。他在《千金要方》中首先列《妇人方》三卷，其次为《少小婴孺方》二卷。对于妇科病的特殊性，小儿护理的重要性，论述尤为详细，很有实际意义。对于孕妇，他提出住处要清洁安静，心情要保持舒畅，临产时不要紧张；对于婴儿，提出喂奶要定时定量，平时要多见风

◆ 孙思邈像

◆ 药王庙

日，衣服不可穿得过多等等。这些主张在今天看来，仍然有一定的现实意义，为后来妇科和儿科的形成和发展奠定了良好的基础。

孙思邈崇尚养生并身体力行，正由于他通晓养生之术，才能年过百岁而视听不衰。他将儒家、道家以及外来古印度佛家的养生思想与中医学的养生理论相结合，提出的许多切实可行的养生方法。时至今日，这些养生方法还在指导着人们的日常生活，如心态要保持平衡，不要一味追求名利；饮食应有所节制，不要过于暴饮暴食；气血应注意流通，不要懒惰呆滞不动；生活要起居有常，不要违反自然规律等等。

导尿术的发明

有一次，一个病人得了尿潴留病，撒不出尿来。孙思邈看到病人憋得难受的样子，他想：吃药已经来不及了，如果想办法用根管子插进尿道，尿或许会流出来。他看见邻居的孩子拿一根葱管在吹着玩儿，葱管尖尖的，又细又软，孙思邈决定用葱管来试一试，于是他挑选出一根适宜的葱管，在火上轻轻烤一下，切去尖的一头，然后小心翼翼地插进病人的尿道里，再用力一吹，不一会儿尿果然顺着葱管流了出来，病人的小肚子慢慢瘪了下去，病也就好了。

大脖子病的治疗

孙思邈不仅刻苦钻研医术，他还经常不畏艰险，背着药篓亲自上山采药。孙思邈在山地采集药材的过程中，还随时随地给山区老百姓看病。久住山区的人，因为缺碘很容易得大脖子病，脖子前面长出一个大瘤子。孙思邈想：人们常说，吃心补心，吃肝补肝，能不能用羊靥（山羊或绵羊的甲状腺体）治疗大脖子病呢?他试治了几个病人，果然见效。

孙思邈重视医德，强调为人治病，应不分高低贵贱，一视同仁，曾系统论述医德规范。

孙思邈死后，人们将他隐居过的"五台山"改名为"药王山"，并在山上为他建庙塑像，树碑立传。

延伸阅读

孙思邈救死扶伤

孙思邈医德高尚，为了救死扶伤，即使有种种忌讳也不放在心上。有一次，他在路上遇到一支出殡的队伍。听说是一位产妇难产，已经断气两个时辰，婆婆怕产妇尸首停在家中招来晦气，急忙要让死者入土为安。孙思邈看到棺材缝里有鲜血滴出，便不顾一切上前拦住了队伍。死者的婆婆见到有人拦路，觉得太不吉利，坐在地上号啕大哭。孙思邈上前告诉她，媳妇还有救，或许还能给她添个孙子。婆婆听说他是位神医，才半信半疑答应当场开棺救人。孙思邈用随身带的金针施治，在产妇头顶、口鼻、手足之间扎了七八针，产妇果真苏醒过来，没过多久当场生了一个男婴。

第一部由国家颁布的药典——《唐本草》

唐朝，是世界公认的中国最强盛的时代之一，在文化、政治、经济、外交等方面都有辉煌的成就。在医学方面也不例外，唐朝政府组织编写的《唐本草》是世界上第一部由政府组织编修、由权力机关颁布、具有法律效力的中药学著作，对我国后代医学的发展起到了重要作用。

唐朝时期，社会政治安定，生产力进一步发展，人们对药物学的研究也取得了许多新的成果。同时，随着医生临证经验的不断增加和中外医药交流的进展，在中药谱上，又增加了许多新药和外来药，需要对于药物学的书籍进行一定的补充。因此，重新编写一部新的本草书，已变得非常必要。

唐显庆三年（657），在右监门府任长史的苏敬向高宗李汾进表请求重新修订本草，以修改《本草经集注》中的一些缪误并增加新的内容。高宗指派了长孙无忌、许孝崇、李淳风、孔志约等22人与苏敬一起集体编修新本草。同时，唐政府"普颁天下，营求药物"，征集全国各地所产的药物，并令绘出实物图谱，以供编书之用。修订时，他们采取实事求是的态度，不为过去的医药经典

所局限，于659年撰成《唐本草》。这是中国，也是世界上由国家颁行的第一部药典。

《唐本草》又称为《新修本草》，分《本草》《药图》《图经》三个部分。《本草》部分是讲药物的性味、产地、采制、作用和主治等内容，《药图》是描绘药物的形态，《图经》是《药图》的说明文字。其中以《图经》加以说明的方式，是医书编纂

◆ 《新修本草》书影

◆ 唐代煎药用具提梁银锅

体裁上的创新，后者约占全书三分之二的篇幅。

在内容方面，《新修本草》也很突出。《新修本草》收载药物844种，其中考正过去本草经籍所载有差错的药物400余种，增补新药百余种，并详细记述了药物的性味、产地、功效及主治的疾病。由于当时正处于唐朝全盛时期，中外经济文化交流十分活跃，有不少外来药品通过贸易进入我国，如安息香、龙脑、胡椒、诃子、郁金、茴香、阿魏等，这些《唐本草》皆有收录。《新修本草》内容丰富，一经问世，立即传播四方，最早由当时来中国求法的日本僧徒传至日本，对日本医学界影响很大，不久又传到朝鲜等国。其中还记载了用白锡、银箔、水银调配成的补牙用的填充剂，这也是世界医学史上最早的补牙的文献记载。

《新修本草》的颁行在统一用药方面起了很大作用。《新修本草》在宋元祐年间已完全失佚。中国在1959年重新出版的《新修本草》是根据德清《傅氏纂庐丛书》中影印过来的，这使广大读者可以见到1300多年前唐朝原书的面目。2008年存仅有残卷的影刻、影印本，但在后世本草和方书中保存了该书部分内容。由于书中收录有各地动植物的标本图录，全书图文并茂，有图经25卷，因此不仅是一部药物学著作，而且是一部动植物形态学著作，在生物学史上也有着一定的意义。

第一部法医学著作——《洗冤集录》

《洗冤集录》是法医史上的惊世巨著，也是世界上第一部系统的法医学著作，它总结了历代法医的宝贵经验，成为审判官们必读的法学经典著作，被公认为世界法学界共同的财富。

宋慈（1186—1249），字惠父，建阳（今属福建南平地区）人，我国古代杰出的法医学家，被称为"法医学之父"。宋慈出生在一个官宦家庭，少年时代在朱熹的弟子吴稚门下学习，有机会与当时有名的学者交往。20岁时，宋慈进入太学。当时主持太学的是著名理学家真德秀，他对宋慈十分器重。

宋慈一生20余年的官宦生涯中，先后担任四次高级刑法官。长期的专业工作，使他积累了丰富的法医检验经验。在处理狱讼案件时，宋慈特别重视现场勘验。在主审一件自杀案时，他发现自杀者死后握刀不紧，伤口又是进刀轻，出刀重，情节十分可疑。于是他亲自侦查，终于查明是某土豪谋杀了一个无辜的庄稼汉，又贿赂官府把死者诬成自杀。

检验尸体，即给死者诊断死因，是一项技术性很强的工作，在一定程度上难于为活人诊病。宋慈一方面刻苦研读医药著作，把有关的生理、病理、药理、毒理知识及诊察方法运用于检验死伤的实际工作；另一方面认真总结前人的的经验，以防止"狱情之失"和"定验之误"。宋慈把当时居于世界领先地位的中医药学应用于刑狱检验，并对先秦以来历代官府刑狱检验的实际经验进行全面总结，使之条理化、系统化、理论化，并结合自己丰富的实践经验，完成了《洗冤集录》这部系统的法医学著作。

《洗冤集录》共5卷，约7万字，内容非

◆ 宋慈墓

常丰富，记述了人体解剖、检验尸体、勘察现场、鉴定死伤原因、自杀或谋杀的各种现象、各种毒物和急救、解毒方法等十分广泛的内容；它区别溺死、自缢与假自缢、自刑与杀伤、火死与假火死的方法，至今还在应用；它记载的洗尸法、人工呼吸法、迎日隔伞验伤以及银针验毒、明矾蛋白解砒霜中毒等都很合乎科学道理。

由于时代与条件的限制，《洗冤集录》中也有一些迷信与错误的内容。比如说《洗冤集录》记载的用滴血法作为直系亲属亲权的鉴定方法，也就是将父母与子女的血液和在一起，视能否融合来鉴定有否亲属关系。或将子女的血液滴在父母的骸骨上，如果是亲生的，则血入骨，非则否。这种方法实际效果并不确切，子女的血型虽受父母的影响，然而并不都是相同的。但这

◆ 《洗冤集录》书影

种方法包含有血清检验法的萌芽，无疑是十分可贵的思想。

从13世纪到19世纪，《洗冤集录》沿用了600多年，成为审判官们必读的法学经典著作。这本书已译成多种文字，被公认为世界法学界共同的精神财富。

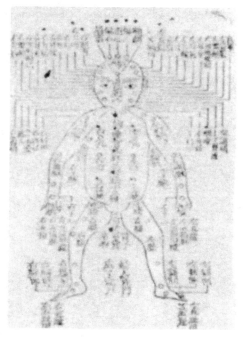

◆ 《洗冤录》内页

延伸阅读

宋慈"不泥师教"

按照理学"视、听、言、动非礼不为"、"内无妄思，外无妄动"的教条，在检验尸体时，要把隐秘部分遮盖起来，以免有"妄思""妄动"之嫌。宋慈出于检验的实际需要，一反当时的伦理观念和具体做法，彻底打破尸体检验的禁区。他告诫当检官员：切不可令人遮蔽隐秘处，所有孔窍，都必须"细验"，看其中是否插入针、刀等致命的异物。并特意指出："凡验妇人，不可羞避"，应抬到"光明平稳处"。如果死者是富家使女，还要把尸体抬到大路上进行检验，"令众人见，一避嫌疑"。这种检验尸体的方式，对查清案情，防止相关人员利用这种伦理观念掩盖案件真相，是非常必要的。

医学成就最高的王爷朱橚

朱橚对我国中医药学作出了重要贡献，他先后组织编写了《袖珍方》《保生余录》《普济方》《救荒本草》，保存了明朝以前的大量医学文献，为中医药学和中医药历史的研究，提供了宝贵的资料。

朱橚（1361—1425），濠州钟离(今安徽凤阳)人，明太祖朱元璋的第五子，明成祖朱棣的胞弟，封周王，谥定，故称周定王，我国方剂学家、植物学家。

洪武三年(1370)，朱橚被封为吴王，驻守凤阳。洪武十一年(1378)，改封为周王。洪武十四年(1381)，朱橚到开封任职。朱橚多材，有远大的抱负，常想着做一番轰轰烈烈的事业，以传名后世。他到开封以后，执行恢复农业生产的经济政策，兴修水利，减租减税，发放种子。他还对各类药品、药方进行了深入细致的研究，并且组织大批学者，编写了一部名为《保生余录》的方书。

洪武二十二年（1389），朱橚因私自前往凤阳，触怒明太祖，被流放到云南。那时的云南是蛮荒之地，朱橚看到当地居民生活艰难、缺医少药的情况非常严重，就组织本府的良医李佰等编写了方便实用、家传应效的《袖珍方》一书。《袖珍方》全书四卷，共3000多方，总结历代医家用方经验，条方类别，详切明备，便于应用。刊行后，促进了云南、贵州一带的医药事业发展。

洪武二十四年(1391)，朱橚回到开封。他在开封组织了一批学有专长的学者，如刘醇、滕硕、李恒、瞿佑等，作为研究工作的骨干；召集了一些技法高明的画工和其他方面的辅助人员，组成一个集体，大量收集各种图书资料。又设立了专门的植物园，种植从民间调查得知的各种野生可食植物，进行观察实验。

永乐四年(1406)，由朱橚亲自订定，教授滕硕、长史刘醇等人执笔汇编而成《普济方》刊行，同年《救荒本草》一书也刊行。《普济方》是我国古代最大的中医方剂专著，共168卷，分为1600论，全书载图239幅，收载药方61738剂，内容包括总

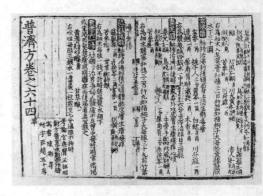

◆《普济方》书影

中华文化公开课 科技文化九讲

214

◆ 《救荒本草校注》书影

论、脏腑身形、伤寒杂病、外科、妇科、儿科、针灸等。该书集明朝以前方书之大成，是一本十分实用的方书，它在所列的每一病证之下都有一些方子，学者或医生只要依病查方，再在各个方子之间选择一下即可。《普济方》搜罗广泛，保存了明朝以前的大量医学文献，记录了大量的中药方剂，为我国中医药学和中医药历史的研究，提供了宝贵的历史资料。

朱橚所有著作中，《救荒本草》是成就最突出的，以开拓新领域见长。《救荒本草》的编撰仅以食用植物为限，这一点与传统本草有所区别，是一种记载食用野生植物的专书，是从传统本草学中分化出来的产物，同时也是我国本草学从药物学向应用植物学发展的一个标志。

《救荒本草》全书两卷，共记述植物414种，其中近三分之二是以前的本草书中所没有记载过的。由于作者有实验植物园，可以随时对植物进行细致的观察。书中用简洁通俗的语言将植物形态等表述出来，一种植物附一插图，图文配合相当紧凑，对植物学的发展有重要作用。《救荒本草》在救荒方面起了巨大的作用，由于开创了野生食用植物的研究，在国内外产生了深远的影响。这部书在明代翻刻了几次，对明清时代的学术界产生巨大的影响。

《救荒本草》以自己出色的植物学成就，还赢得了国际学术界的重视和高度评价。17世纪末，《救荒本草》传到了日本，博得日本学者的青睐和强烈关注，并多次刻印刊行。19世纪80年代俄国植物学家E·贝勒，20世纪30年代美国学者W．T．施温高，20世纪40年代英国药物学家伊博恩，英国的中国科技史专家李约瑟，都给予朱橚和《救荒本草》很高的评价。

延伸阅读

朱橚保生普济救荒之谜

一个锦衣玉食的藩王，朱橚为什么会做这些方剂学和救荒方面的研究呢？这主要有两个原因。其一，朱橚是一个很有才华而不满当时政治，时有"异谋"的人。他曾三次有"不轨"行为，除两次被贬往云南外，永乐十八年（1420）还曾因谋反被传讯。他大力编写刊行些以"保生""普济""救荒"为宗旨的医药书籍，表面上看是由于目睹当时哀鸿遍野、民不聊生的惨状，意在"救国救民"，实际上是他争取民心的一种方法，为政治目的服务。其二，做些有影响的好事以流芳后世。他在永乐十三年（1415）重刊《袖珍方序》中写道："吾尝三复思之，惟为善迹，有益于世，千载不磨。"虽然他没有谋反成功，像他四哥朱棣那样当上皇帝，但立功留名后世的目的还是达到了。

第八讲 医学药物技术

215

东方药物巨典——《本草纲目》

《本草纲目》是对16世纪以前中医药学的系统总结，是我国医药宝库中的一份珍贵遗产，被誉为"东方药物巨典"。它不仅是一部药物学著作，还是一部具有世界性影响的博物学著作，对中国古代科学和医学都产生了巨大影响。

李时珍（1518—1593），字东璧，湖北蕲州人，我国宋代著名的医学家、药物学家。他出生在一个世代行医的家庭，父亲李言闻是当地一位名医。李时珍从小就跟随父亲到病人家看病，上山采集药草，对医学产生了浓厚的兴趣。但李言闻希望儿子走科举考试的道路。在父亲的督促下，李时珍14岁就考上了秀才。但他对科举考试没有兴趣，三次考举人，三次都落选了。此后，他醉心医学，不再应考。

在长期的医疗实践中，李时珍治好了不少疑难杂症，积累了丰富的医药知识，成为远近闻名的医生。他虽然是位内科医生，但他对患有外伤的病人的痛苦感同身受。在修本草的时候，他读到了古代外科圣手华佗替人治病的事，其中提到麻沸散，它能够使患者在麻醉状态接受剖腹剔脑的大手术而不知疼痛。麻沸散的主药是曼陀罗花，但这味主药该用多少才能起麻醉作用，同时又不致中毒历代的记述都没有说清楚。

李时珍决定亲自做曼陀罗花药量的试验。他把估计药量分成两份，用黄酒把一份

曼陀罗花粉吞服下肚。过了一会儿，他觉得有些头昏、心慌，于是他示意徒弟下针。但是，那针还是扎得他钻心痛。他知道药力不够，便断然将余下的另一份用黄酒吞服了下去。不大一会儿，李时珍只觉天旋地转，接着就昏迷过去了，徒弟再用针扎，他也不觉得疼了。就这样，李时珍以身试药，终于弄

◆ 李时珍像

中华文化公开课

科技文化九讲

◆ 《本草纲目》书影

目》共52卷，190万字，记载药物1892种，其中新增加的有374种。书里对每一种药物，都说明它的产地、形状、颜色、气味、功用。书里还附了1160幅药物形态图，记载了11096个医方。这部伟大的著作，吸收了历代本草著作的精华，改进了中国传统的药物分类方法，尽可能的纠正了以前的错误，补充了不足，并有很多重要发现和突破。是到16世纪为止我国最系统、最完整、最科学的一部医药学著作。

清了曼陀罗花的准确用量。

在行医过程中，李时珍读了许多医药著作。他感到历代的药物学著作存在不少错误，特别是其中的许多毒性药品，竟被认为可以"久服延年"，需要重新整理和补充。因此，他决心在宋代唐慎微编的《证类本草》的基础上，编著一部新的完善的药物学著作。为了编好这部著作，他走访了河南、江西、江苏、安徽等很多地方。每到一处，他就虚心地向药农和其他劳动人民请教，采集药物标本，收集民间验方。很多人都热情地帮助他，有的人甚至把祖传秘方也交给了他。就这样，他得到了很多书本上所没有的知识，还得到了很多药物标本和民间药方。

李时珍从35岁起，动手编写他的医书。他花了27年功夫，参考了800多种书籍，经过三次大规模的修改，终于写成了一部新的药物学巨著——《本草纲目》。《本草纲

知识小百科

牵线搭脉的由来

传说有个员外的女儿得了病，请了很多名医来治都无效。由于小姐整天喝药，所以一听说有医生来治病，她心里就害怕，宁愿病死，也决不下楼与医生见面。员外听说李时珍医术高明，就派人把他请来。李时珍问明了情况后，就叫丫鬟用一根长丝线一头系在小姐的脉搏上，另一头牵下楼来。李时珍坐在那里，手捏丝线聚精会神地搭脉。不一会对员外说："小姐害的是'口津枯'。"员外还是不懂。李时珍问："小姐是不是爱吃瓜子？"员外说道："是呀！她就是爱嗑瓜子，她爱吃瓜子爱得连饭也不吃。" 李时珍就说："把小姐嗑过的瓜子壳煎水，让她喝。"员外照办了。果然没几天，小姐的病就慢慢好了。

中医外科的经典著作——《外科正宗》

《外科正宗》集中体现了陈实功的学术思想，全书综述了自唐朝以来历代外科中的有效治疗经验，充分代表了明代时期我国外科医学的巨大成就，成为中医外科的经典著作。

陈实功（1555—1636），字毓仁，号若虚，崇川（今江苏南通）人，明代外科医学家。陈实功幼年多病，少年时期即开始习医。他改变了过去外科只重技巧而不深研医理的落后状况，在发展外科医学方面起到了重要作用。

陈实功兴趣广泛，古今前贤的著作以及历代名医的理论、病案等均有涉猎。对于古代典籍，陈实功从不死记硬背，生搬硬套，而是融汇贯通，灵活运用，把自己在行医实践中取得的一些经验与古人治病方法相互结合，总结出一套适合于大众、切实可行的理论。他根据病者的实际病况，采取内治或内治外治相结合的方法。陈实功主张"开户逐贼，使毒外出为第一"，外部手术与内服相结合，如对息肉摘除、气管的缝合

等。由于他医术高明，声名远扬，登门求医者络绎不绝。

陈实功从事外科40余载，治愈了不少疑难杂症，积累了丰富的治病经验。当时人们更加注重内科，轻视外科，这是因为外科医学同内科医学相比较而言，缺少详尽的基础理论。陈实功在往常的治病行医中已深刻认识到这一点。为了使外科医学能够让更多的人重视起来，让更多的行医者掌握，他根据自己多年行医的丰富经验和明朝以前外科医学方面的成就，于明万

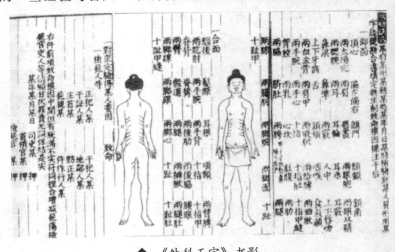

◆《外科正宗》书影

历四十五年（1617）撰写了一部重要的外科医学著作《外科正宗》，这是他学术思想的集中体现。

《外科正宗》全书共20余万字，共分4卷。从病痛的根源、诊断到外科上常见的大部分疾病，从各家病理学说到临床症状和特点，以及各种病症的治疗方法，手术的适应症、禁忌等，从各种病情的症状到药剂的组成，都作了详细的论述。其中对皮肤病、肿瘤都有较多的论述。对于肿瘤之症，陈实功认为肿瘤只有及早的发现，才能摸清病源，或许尚有一线希望治愈。另外，对于现代医学中所遇到的淋巴转移、鼻咽癌等，亦有论述。这些研究和探索十分珍贵，对现代临床治疗都有一定的启示。

◆ 《祥订外科正宗》书影

《外科正宗》综述了自唐朝以来历代外科中的有效治疗经验，科学性强，论述精辟，能充分代表明代时期我国外科医学的巨大成就，具有较高的学习研究价值。其中对下颏骨脱臼的治疗整复手术，完全符合现代医学的要求，直到现在仍一直沿用。《外科正宗》印行后，广为传播，并流传到日本等国，成数300余年来有各种版本50余种，成为中医外科的经典著作。

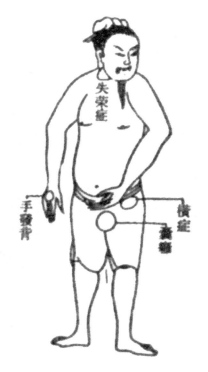

◆ 《外科正宗》关于"失荣症"的插图

吴有性创立的温疫学说

吴有性创立的温疫学说，形成了一个比较系统的温病辨证论治纲领，充实了中医温热病学的内容。他著有《温疫论》，将温疫与伤寒病分开，为温病学说的形成与发展作出了贡献。

吴有性（约1582—1652），字又可，江苏震泽人，我国明代医学家。吴有性的生活时代正值明末战乱，饥荒流行，致使疫病蔓延。据史料记载，崇祯十四年（1641），山东、河南、河北、浙江等地温疫流行，患者甚多。由于当时的医生用治疗外感病的方法或伤寒的方法治疗，不仅对遏制温疫无效，反而导致病情迁延，进一步向危重阶段发展，枉死者不可胜数。鉴于以上情况，吴有性潜心钻研，认真总结，提出了一套新的认识，强调这种病属温疫，非风非寒，非暑非湿，非六淫之邪外侵，而是由于天地间存在有一种异气感人而至，与伤寒病绝然不同。感受疫疠之气之后，可使老少俱病。这就从病因学方面将温疫与一般外感病区别开来，并与伤寒病加以区分。吴氏

突破了六气致病的传统观点，提出了新的传染病病原观点。这些，已被现在的医学、微生物学所证实，这是吴氏对温病学的一大贡献。

吴有性通过大量的临床观察发现，温疫邪气侵犯人体的途径是从口鼻而入，停留在半表半里之间。他指出温疫之病所以用治外感病的方法治疗不得痊愈，就是因为此病邪的部位不同于一般外感病的在表或在里，而是在于半表半里的膜原，这个部位是一般药物所不能到达的。由于其既连表又连里，邪气盛时则可出表或入里，这时才可根据邪气

◆ 《流民图》（局部）（明周臣绘）。在温疫爆发的地区，人民群众流离失所，四处逃难。

◆ 《温疫论》书影

凉解散。如果邪气透于胸膈，而见满闷心烦喜呕，欲吐不吐，虽吐而不得大吐，腹中不满，欲饮不能饮，欲食不能食，说明膜原之邪已外溃于胸膈，邪气在上，可选用瓜蒂散涌吐疫邪。

吴有性创立了温疫学说，著有《温疫论》。《温疫论》是在《伤寒论》成书1400年之后医学史上又一部具有划时代意义的有关外感病的论著。它第一次认识到温疫感染于戾气、具有传染性，充实了中医温热病学的内容，开温病学说之先河，后世许多温病论著皆受此书的影响和启发。

溃散的趋势，因势利导予以治疗。吴氏将温疫病的传变从表里两大方面进行总结，归纳出九种传变方式，称为"九传"。即但表不里、表而再表、但里不表、里而再里、表里分传、表里分传再分传、表胜于里、里胜于表、先表后里、先里后表。

吴有性经过潜心钻研，创立了达原饮一方以治疗温疫，达到使邪气尽快从膜原溃散，以利于表里分消的目的。方中槟榔能消能磨，为疏理气机之品，可以除伏邪，又可治岭南瘴气；厚朴也属于疏理气机之品，可以破戾气之所结；草果辛烈气雄，可以辛散以除伏邪蟠踞。三味药物相合协力，以使气机疏利，直达巢穴，促使邪气溃散，速离膜原。

如果温疫之邪已经散漫，则又要根据邪气所在部位予以不同治疗。如果见脉长而洪散，大汗大渴，周身发热，则说明邪气已离膜原，而里热散漫，其病机已与伤寒病阳明气分证一致，故仍可用白虎汤辛

第八讲 医学药物技术

争议最大的医书——《医林改错》

王清任著的《医林改错》是一部200年来令医学界争论不休的书。有人认为其"集数十载之精神，考正数千年之遗误"，是"稀世之宝"；有人认为"医林改错，越改越错"。但不可否认，他为医学界留下了宝贵的资料，是我国医学史上富有创新精神的医学实践家。

王清任（1768—1831），字勋臣，河北省玉田县人，世居玉田县鸭鸿桥。曾做过武库生，后至北京行医，是嘉庆至道光年间的名医，一位富有革新精神的解剖学家与医学家。

王清任从少年时期开始学医，由于学习刻苦，他很快就精通了医学理论，医术也很高明，是京城附近著名的医生。他开过药铺，对许多药物的性味、功用都很熟悉。王清任根据自己丰富的实践经验，对疾病的病因、病理有独到的见解。他发现《黄帝内经》错误百出，决心要改正《黄帝内经》里面的谬误。

王清任认为，人的脏腑结构对医疗非常重要，无法作尸体解剖，就无法匡正医学的谬误。但他只能在刽子手行刑、作仵验尸时，远远地瞧上一眼，不能亲自动手，人体的真正结构总弄不清楚，王清任为此苦恼了好些年头。

皇天不负苦心人，王清任终于等到了观察人体脏腑的机会。1797年，王清任同好友薛文煌同去河北唐山办事，双双骑马行进在官道之上。突然，他们发现，离官道一箭之遥，一处荒草丛中，几只野狗正在抢夺着什么，狂吠之声不绝于耳。两人急忙下马，走近前去，却见几具小孩的尸体横躺于地，腹破肠露，已被野狗咬得狼藉不堪，阵阵恶臭传来，让人作呕。地近京都，居然会出现这种惨不忍睹的现象，两人驱赶罢野狗，心情沉重地上了路。

◆ 王清任像

中华文化公开课

科技文化九讲

在附近村镇投宿时，王清任了解到实情。这里最近发生了瘟疫，村镇上小儿暴毙后，因村民家境困难，只能草草掩埋，野狗们饥不择食，便扒开虚土，抢食童尸。有些地方，被抛弃的尸体更多。

听了这话，王清任心头一动，何不借掩埋抛尸之名，对脏腑作一次仔细的观察？那些尸体破腹露脏是野狗所为，自己去观察，谁也不能非议。真是机会难得，错过了这个机会，今后又只能纸上谈兵了。于是，他告别了友人，独自留了下来。

下定决心容易，真正去做却难。王清任在第一具尸体面前蹲下，刚刚用树枝拨动内脏，一阵尸臭便熏得他几乎呕吐。但是，多年的夙愿鼓励着他，匡正谬误的决心不能动摇。

仔细的观察让王清任收获颇丰。前人说，人的胃是竖立在腹中的，可是王清任明明看到，胃是横着的；有人说，人肺底部有24个小孔，呼吸时空气由此进出，他用细树枝捅进气管，发觉并非如此。

王清任一连十多天收殓童尸上百具，通过亲自观察，对人体的脏腑已了然于胸。回到家中，他把自己观察所得详细记述下来，重要的地方还亲手绘成图形。他还拿出古人的典籍两相对照，发觉古书上谬误甚多，有的连脏器有几件记载得都不对。于是，王清任便把自己写的书定名为《医林改错》。

《医林改错》是我国中医解剖学上具有重大革新意义的著作。本书约有三分之一篇幅为解剖学内容，以其亲眼所见，辨认胸腹内脏器官，与古代解剖作比较，画出他自

◆ 清刻《医林改错》书影

认为是正确的13幅解剖图以改错。从一般的解剖形态结构及毗邻关系的大体描述来看，王清任所改是比较准确的。他发现了颈总动脉、主动脉、腹腔静脉及全身血管之动静脉区分；描述了大网膜、小网膜、胰腺、胰管、胆总管、肝管、会厌及肝、胆、胃、肠、肾、膀胱等的形态和毗邻关系。这些是很有革新和进步意义的。

延伸阅读

关于《医林改错》的争议

由于王清任受到时代的局限，而且他虽"亲见脏腑"，但从未进行实际的解剖，他在《医林改错》中记载的关于人体脏器解剖的事实存在着许多错误，故后世医家对此褒贬不一，争议颇大。但客观来说，他不失为中国医学史上一位有胆有识、具有革故鼎新思想的杰出医学家。他继续并创造性地发展了中国医药学，对血瘀论及活血化瘀治法的研究，从理论到实践均作出了巨大贡献。目前，对"血瘀"和活血化瘀疗法的研究，已引起了国内外医学界的普遍重视，形成了独特的医学体系。王清任也被公认为活血化瘀派的代表人。

第九讲
手工制造技术

工匠的革命——土木工具的改造与发明

> 鲁班生活的时代是一个社会转型和技术革命的时期，当时的工匠只能凭双手的感觉来制作，而鲁班和他的同行们则用手工制品带来了工匠地位的变化。

鲁班（约前507—前444），姓公输，名般，生活在春秋末期到战国初期。因是鲁国人，"般"和"班"同音，古时通用，故人们常称他为鲁班。鲁班出身于工匠世家，从小就跟随家里人参加过许多土木建筑工程劳动，逐渐掌握了生产劳动的技能，积累了丰富的实践经验。

鲁班非常注意对客观事物的观察、研究，他受自然现象的启发，致力于创造发明。一次攀山时，手指被一棵小草划破，他摘下小草仔细察看，发现草叶两边全是排列均匀的小齿，于是就模仿草叶制成伐木的锯。他看到各种小鸟在天空自由自在地飞翔，就用竹木削成飞鹊，借助风力在空中试飞。开始飞的时间较短，经过反复研究，不断改进，竟能在空中飞行很长时间。

鲁班一生注重实践，善于动脑，在建筑、机械等方面作出了很大贡献。他能建造"宫室台榭"；曾制作出攻城用的"云梯"，舟战用的"勾强"；创制了"机关备制"的木马车；发明了曲尺、墨斗、刨子、凿子等各种木作工具，还发明了磨、碾、锁等。

刨的发明

在鲁班以前，木匠仅用斧子和刀来弄平其建造用的木料，结果既使干得很好，也难以令人满意。后来鲁班通过长时期的实践发现，他使用的刀片越薄，所制造出来的表面越平，干起来也越容易。这样，这种刨逐渐地从鲁班的实践中加以演变，最初用较薄的斧刀片，后来用一个刀片固定到一块木头上再横穿以手柄，最后刀片固定到木槽中，这就是我们今天所熟悉的刨。

◆ 公输般像

墨斗的发明

鲁班发明的另外一个非常重要的工具是工匠用的墨斗，这项发明可能是受其母亲的启发。当时其母正在剪裁和缝制衣服，鲁班注视着这一切，见她是用一个小粉末袋和一根线先打印出所要裁制的形状。鲁班把这种做法转到一个墨斗中，通过一根线（用墨斗浸湿的线）捏住其两端放到即将制作的材料之上印出所需的线条。最初需由鲁班和他母亲握住线的两端。后来他的母亲建议他做一个小钩系在此线的一端，这样就把她从这种杂活中解脱出来，使之可由一个人来进行。为了纪念鲁班的母亲，工匠们至今仍称这种墨斗为班母。

◆ 鲁班尺

尺子的发明

鲁班的另一发明是能正确画出直角的三角板，也被称为班尺，它能告知工匠哪些尺寸是不规则的，以及根据占卜的规则（风水）哪些是不吉的。这些尺子现在有些地方仍能买到。

石磨的发明

据《世本》上记载，石磨也是鲁班发明的。传说鲁班用两块比较坚硬的圆石，各凿成密布的浅槽，合在一起，用人力或畜力使它转动，就把米面磨成粉了，这就是我们所说的磨。磨的发明大大减轻了劳动强度，提高了生产效率，这是古代粮食加工工具的一大进步。

鲁班不愧是我国古代最优秀的土木建筑工匠。2400多年来，一直被土木工匠尊奉为"祖师"，受到人们的尊敬和纪念。

◆ 鲁班发明的攻城工具云梯

延伸阅读

鲁班奖是谁设立和颁发的？

鲁班奖的全称为"中国建筑工程鲁班奖"，是1987年由中国建筑业联合会设立的，主要目的是为了鼓励建筑施工企业加强管理，推动我国工程质量水平的普遍提高。1996年7月，根据建设部的决定，将1981年政府设立并组织实施的国家优质工程奖与建筑工程鲁班奖合并，奖名定为中国建筑工程鲁班奖。每年评选一次。

最早的飞行器——风筝

风筝是飞机的最早雏型，对后世科学技术的发展产生了深远的影响。英国著名学者李约瑟把风筝列为中华民族的重大科学发明之一。

在我国，每当春回大地、暖风吹拂的时候，人们都喜欢在阳光明媚的日子里到野外去放风筝。风筝在我国已有两千年以上的历史了。古时候，人们把风筝叫作"风鸢"、"纸鸢"或"鸢子"，这是因为风筝象鸢鹰那样平伸翅膀，在天空盘旋。到五代时，有人别出心裁地在纸鸢上安装上竹哨，风吹竹哨，嗡嗡作响，声如筝响，因此得名"风筝"。

中国是风筝的故乡。相传墨翟以木头制木鸟，研制三年而成，是人类最早的风筝。后来鲁班用竹子改进墨翟的风筝材质，进而演进成为今日的风筝。到南北朝，风筝开始成为传递信息的工具。由于风筝具有"越险阻而飞远，越川泽而空递"和"辅舆马之不能，补舟楫之不逮"之功，所以首先用于军事。

楚汉争霸时期，张良围困项羽于垓下(今安徽灵璧东南)，以放飞的风筝为信号，指挥各路军队协同进攻。项羽的大军被刘邦团团围住，这时，刘邦命手下人制作了许多大风筝，放在空中，让其发出箫的声音，并号召士兵唱起楚歌。连年征战而又远离故土的楚国士兵，听得这凄惨的箫声和悲凉的歌声，勾起一缕缕思乡之情，再加上汉兵大军压境，结果人心涣散，溃不成军。这就是历史上有名的"四面楚歌"。

隋唐时期，风筝开始逐渐脱离军事用途，变成娱乐品。品种花样繁多，千姿百

◆ 蝴蝶风筝

科技文化九讲

中华文化公开课

◆ 渔童风筝

态，有彩蝶、凤凰、蝙蝠、螃蟹、美人等多种式样；有的还装上琴弦、竹笛，有的装上明亮的灯笼。及至明、清两代，放风筝则达到了鼎盛时期。明代才子徐渭常以风筝作为绘画、写诗的题材，留下37首咏风筝的题画诗，形象地反映了明代民间放风筝的盛况，足见那时风筝的技艺已经达到了多么高的水平。

我国古代还发明了一种由普通风筝演化而来的弓形翼式风筝，这种风筝能较好地运用空气流体力学的原理，飞得更高、更快、更稳。而这种风筝的翼，顶部弯曲凸起，底部呈凹面或水平，同现代的飞机机翼形状相差无几。根据风筝原理，世界最早的飞行器设计师和空气动力学创立者乔治·凯利，在1804年制作了第一架现代滑翔机的模型。1882年，俄国的莫查伊斯基仿照风筝，制成了世界上第一架用蒸汽发动机和螺旋桨推动的飞机。早期的优秀飞行员们甚至把他们驾驶的飞机称作"中国风筝"。

直到今日，风筝在测量风力、风向，进行气象科学研究方面，仍然发挥着不可忽视的作用。同时，越来越多的人发现，风筝还具有医疗和体育健身作用。一线在握，目送风筝直上云天，或缓步慢行，或嬉戏奔跑，对老人、青年人或儿童来说，都有增强体质，提高抗病和防病能力的功效。近年来，国外不少风筝医院、风筝疗养院应运而生。"风筝疗法"已用于神经衰弱、精神抑郁症、视力减退、小儿智力不足等症的治疗，并取得了可喜的功效。

延伸阅读

风筝与避雷针的发明

1752年7月的一天，在北美洲的费城，一位名叫本杰明·富兰克林的科学家，做了一个轰动世界的实验：这天下午，天色阴暗，乌云滚滚，电闪雷鸣，一场可怕的大雷雨就要来临了。富兰克林和他的儿子威廉把一只风筝放上了天空。这可不是一只普通的风筝，它是用丝绸做成的，上面系着一根细金属线和一根金属带，再用钥匙缚在金属风筝线的另一端，与一个蓄电的"莱顿瓶"相连接。结果一个惊人的现象发生了，钥匙中间不断有火花飞出，使"莱顿瓶"充了电。这说明电和闪电的性质，是完全一样的。根据这个实验，富兰克林发明了保护高大建筑物不受雷击的避雷针装置。至1784年，全欧洲的高楼顶上都装上了避雷针。

世界上最早的手工业著作——《考工记》

《考工记》是我国第一部手工艺技术汇编，书中记叙了齐国官营手工业各个工种的设计规范和制造工艺，在中国科技史、工艺美术史和文化史上都占有重要地位，在当时世界上也是独一无二的。

《考工记》是中国目前所见年代最早的手工业技术文献，关于作者和成书年代，长期以来学术界有很多不同的看法。目前，多数学者认为，《考工记》是齐国官书，即齐国政府制定的指导、监督和考核官府手工业、工匠劳动的书，作者为齐稷下学宫的学者，该书主体内容编撰于春秋末至战国初，部分内容补于战国中晚期。

今天我们见到的《考工记》，是作为《周礼》的一部分出现的，故《考工记》又称《周礼·考工记》。《考工记》篇幅不长，全文仅7000多字，但信息含量却相当大，它是我国古代第一部工程技术知识的汇集，内容涉及先秦时代的制车、兵器、礼器、钟磬、织染、建筑、水利等手工业技术，还涉及天文、生物、数学、物理、化学等自然科学知识，记述了木工、金工、皮革工、染色工、玉工、陶工等6大类、30个工种，其中6种已失传，后又衍生出1种，实存25个工种的内容。

力学方面

《考工记》上《轮人》篇在讲述车辆和车轮原理时指出：车轮在地面上滚动时，会出现被接触的地面阻碍车轮滚动的现象，还会出现施力方向不同，滚动情况也就不同的现象。如果轮子和地面接触多，转动起来就慢；反之，轮子和地面接触少，容易转得

◆ 制作车轮画像石

◆ 记里鼓车模型

快。因此，要想使车轮转动得快，和地面接触少，就是要把轮子做得尽量接近理想圆。还要使车轮与辕不是经常处于上斜坡的状态，这就要求车轮一定要做得适当，不要做得太小，以免车辕与地面始终成一角度，比较费力。

《轮人》篇中还记载了斜面的应用。车盖是用以遮雨的，它应该做得中央高而四周低，形成一个斜面，这样泄水时，就会使水流得快，而且射得远。另外，还有关于惯性现象的记载："马力既竭，辀犹能一取焉。"意思是说：马拉车的时候，马虽然停止前进，即不对车施加拉力，但车辕还能继续往前走一段路，这显然是一种惯性现象。

箭的制作

我国古代对于箭的制作是相当早的，那时制箭的工匠又称"矢人"。在《考工记》的《矢人》篇中，专门叙述了箭的制作必须按照一定的比例，才能在空中飞行

时保持稳定。把按比例削好的箭杆投入水中，测定浮和沉的部分，依据这个测定来决定箭的各部分比例，再按这个比例来装设箭尾的羽毛。箭杆前轻或后轻都会影响箭飞行的高低；箭杆中间轻或重会影响飞行的稳定性；箭尾羽毛的多少则和飞行速度、稳定性有关，羽毛太多，飞行速度慢，而羽毛太少，飞行就不稳。

声学知识

《考工记》中还记载了不少声学知识，《凫氏》篇中写道："钟大而短，则其声疾而短闻；钟小而长，则其声舒而远闻。"讲述了钟的结构和发声响度及传声距离的关系。钟大而短，振幅小，致使声音的响度小，因而传声的距离就短；反之，钟小而长，振幅大，致使响度大，传声的距离就远，这是体现有关板类振动的声学规律的最早论述之一。

第九讲 手工制造技术

231

千年寿纸——宣纸

宣纸是目前是我国境内唯一保留传统手工造纸工艺的书画专用纸，它具有质地柔韧、洁白平滑、细腻匀整、色泽耐久、墨韵清晰、固墨长久、不蛀不腐等特质，故有"纸中之王""千年寿纸"之美誉。

宣纸是中国古代用于书写和绘画的纸，因原产于宣州府（今安徽宣城）而得名，现主要产于安徽泾县。对宣纸的记载最早见于《历代名画记》《新唐书》，我国历代关于宣纸有很多动人的传说。

相传东汉安帝建光元年（121）蔡伦死后，他的弟子孔丹在皖南造纸。他很想造出一种洁白的纸，好为老师画像，以表缅怀之情。他在一峡谷溪边，偶见一棵古老的青檀树，横卧溪上，由于经流水终年冲洗，树皮腐烂变白，露出缕缕长而洁白的纤维，孔丹欣喜若狂，取以造纸，经反复试验，终于成功，这就是后来的宣纸。

制作宣纸的原料，明代以前一律用纯一的青檀树枝韧皮，配方单一；以檀皮为原料制成的宣纸，韧力、拉力强，润墨性好，

用它来创作泼墨山水，可以任意涂抹，而绝无穿通的忧虑。明代之后为青檀皮和沙田稻草两种原料互相搭配使用。

青檀树为中国特产，是生长在长江中下游山丘地区的一种多年生植物，其树皮纤维细长并强韧，是造纸的最佳原料。青檀树又以二年生的枝条皮为最佳，并于春末夏初剥取为宜。沙田稻草为皖南山区山脚田出产的稻草，因山脚田肥力不足，其生长的稻草纤维拉力强，有机质少，叶少杆多，制料时容易漂白加工，适宜于造纸。

人们将上述两种各具特点的木类植物

◆ 顺治帝亲政诏书。因原料难取、工艺复杂，所以宣纸产量极为有限，价格也相当高昂，历代都被列为贡品，供皇室享用。

中华文化公开课

科技文化九讲

232

◆ 现代宣纸制作

中国画技法有"墨分五色"，即一笔落成，深浅浓淡，纹理可见，墨韵清晰，层次分明，这是书画家利用宣纸的润墨性，控制了水墨比例，运笔疾徐有致而达到的一种艺术效果。手工抄造的宣纸最适宜表达中国书画艺术的韵味，所以，历代文人墨客、书画名家无不以在宣纸上挥毫泼墨为人生一大快事，或题辞称颂赞誉，或留下墨宝丹青。

长纤维和草类植物短纤维以适当的比例混合后，纤维之间就能自然而然地紧密聚合而成纸，不需胶合粘连。所造之纸强度和挺度好，所以千百年来宣纸始终以青檀皮和沙田稻草为原料。

宣纸的制作过程极其繁杂，其原料需经过浸泡、灰腌、蒸煮、漂白、水捞、加胶、贴烘等18道流程和近百个操作工序，历时一年方可制成。有人把其制作过程浓缩为"日月光华，水火济济"八个字，足见其制作之难。自古民间就有"一张书纸，千滴血汗"之说。

正因为原料之难取、工艺之复杂、时间之长久、劳动之艰辛，所以宣纸产量有限，价格也相当高，历代都被列为贡品。宣纸具有"韧而能润、光而不滑、洁白稠密、纹理纯净、搓折无损、润墨性强"等特点，并有独特的渗透、润滑性能。写字则骨神兼备，作画则神采飞扬，成为最能体现中国艺术风格的书画纸。

2002年，宣纸被国家质监总局批准为中华人民共和国原产地域产品，明确规定只有在泾县境内以青檀皮、沙田稻草为原料，采用传统工艺生产的书画纸才能被称为宣纸。

延伸阅读

现存最大尺寸的宣纸

现存最大尺寸的宣纸名为"千禧宣"，是2000年中国宣纸集团公司为纪念人类进入21世纪，组织全厂能工巧匠集体制作的二丈规格的宣纸，该纸被吉尼斯世界纪录认定为世界上最大的宣纸。这是宣纸发展史上的一个里程碑，也是书画艺术界的一件盛事。

第九讲 手工制造技术

四大名绣之首——苏绣

文化古城苏州，素有"人间天堂"之称，在这优美环境里孕育出的苏州刺绣艺术，以其图案秀丽、构思巧妙、绣工细致、针法活泼、色彩清雅的独特风格名满天下，被誉为我国"四大名绣"之首。

历史文化名城苏州是苏绣的故乡，在小桥流水人家的江南美景中，坐拥2500年历史的苏州文明熠熠生辉。苏绣，是江南女子一生中最美丽的情结。

刺绣，古称针绣，是用绣针引彩线，按设计的花纹在纺织品上刺绣运针，以绣迹构成花纹图案的一种工艺。苏绣的发源地在苏州吴县一带，现已遍衍江苏省的无锡、常州、扬州、宿迁、东台等地。江苏土地肥沃，气候温和，蚕桑发达，盛产丝绸，自古以来就是锦绣之乡。优越的地理环境，绚丽丰富的锦缎，五光十色的花线，为苏绣发展创造了有利条件。

据西汉刘向《说苑》记载，早在二千多年前的春秋时期，吴国已将苏绣用于服饰。三国时代，吴王孙权曾命赵达丞相之妹手绣《列国图》。据《清秘藏》叙述苏绣"宋人之绣，针线细密，用线一、二丝，用针如发细者为之。设色精妙，光彩射目"。可见在宋代苏绣艺术已具有相当高的水平。自宋代以后，苏州刺绣之技十分兴盛，工艺也日臻成熟。农村"家家养蚕，户户刺绣"，城内还出现了绣线巷、滚绣坊、锦绣坊、绣花弄等坊巷，可见苏州刺

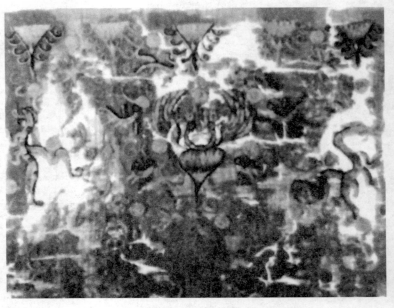

◆ 神鸟纹丝绣残片

◆ 栩栩如生的苏州双面绣

绣之兴盛。

到了明代，在绘画艺术方面出现了以唐伯虎、沈周为代表的吴门画派，大大推动了刺绣的发展。刺绣艺人结合绘画作品进行再制作，所绣佳作栩栩如生，笔墨韵味淋漓尽致，有"以针作画""巧夺天工"之称。自此，刺绣艺术在针法、色彩图案诸方面已形成独自的艺术风格，在艺苑中吐芳挺秀，与书画艺术媲美争艳。

光绪三十年（1904），慈禧七十寿辰，苏绣艺人沈云芝绣了《八仙上寿图》和《无量寿佛》等8幅作品祝寿。慈禧备加赞赏，书写"寿""福"两字，分赐给沈云芝和她的丈夫余觉。从此沈云芝改名沈寿，她的作品《意大利皇后爱丽娜像》，曾作为国家礼品赠送给意大利，轰动了意国朝野。《耶稣像》1915年在美国举办的"巴拿马—太平洋国际博览会"上获一等奖，售价达13000美元。

苏绣具有浓郁的地方特色，在苏绣中，江南水乡的美景一览无余。苏绣的仿画绣、写真绣其逼真的艺术效果更是名满天下，主要艺术特点有山水能分远近之趣；楼阁具现深邃之体；人物能有瞻眺生动之情；花鸟能报绰约亲昵之态。从人物、花鸟到山水、动物，从静如处子到动如脱兔，苏绣呈现着江南细腻绵长的精神内涵。在上千年的历史间，一代代绣娘巧手穿引，心手相传，创造出上百种技法，逐渐使苏绣成为一门丰富深邃的学问，吸引后来者在其中忘我穿行。

第九讲　手工制造技术

人类发展史上的新纪元——陶器的发明

陶器工艺品是我国最古老的工艺美术品，是人类留传下来的所有远古文化遗迹中最显著的标志，标志着新石器时代的开端。陶器的出现，也大大改善了人类的生活条件，开辟了人类发展史上的新纪元。

我国陶器的制造和使用大致始于距今1万年左右的原始社会时期。人们将具有可塑性的粘土，用水湿润后，经过手捏、轮制、模塑等方法加工成型后，在阴凉通风处风干，干燥后在800℃—1000℃高温下用火烧造而成坚固的制品，这就是陶器。陶器的主要成分是硅和铝的无机盐类，它们无毒、无味，是制作生活用具的良好原料。

在陶器发明以前，人们为了取得熟食，有时把食物架在篝火上烤熟；或者是用石头砌成一个大坑，把猎物去皮，放进坑内，盖上热灰，直到焖熟；还有的就是用灼热的石块将兽肉烫熟；或把兽肉放入网中，泡入高温的泉水中，泡熟后食用。经过百万年的狩猎与采集生活，在原始的农耕作业的生产过程中，人们对于泥土的性质和状态有了更加深刻的认识。而居住环境的相对固定和生活资料的积累，使得人们开始研究储存生活资料的用具器物，在石质品、骨质品以及其它自然物之外去寻找一种新材料，用以煮熟、储存食物，于是以水、火、泥的合成方式生产的陶器就应运而生了。

陶器的发明，是人类文明发展的重要标志，是人类第一次利用天然物，按照自己的意志，创造出来的一种崭新的东西。它揭开了人类利用自然、改造自然的新篇章，具有划时代的意义。陶器的发明，也大大改善了人类的生活条件，在人类发展史上开辟了新纪元。

浙江余姚河姆渡遗址出土的黑陶，造型

◆ 彩陶人首瓶（仰韶文化）

简单，早期盛行刻画花纹。河南渑池县仰韶村新石器时代遗址和陕西省西安市郊半坡遗址出土的彩陶，做工精美，设计精巧。这两个新石器时代遗址都属于母系社会遗址，有6000年以上的历史。

到了商代和周代，已经出现了专门从事陶器生产的工种。在战国时期，陶器上已经出现了各种优雅的纹饰和花鸟。这时的陶器也开始应用铅釉，使得陶器的表面更为光滑，也有了一定的色泽。

到了秦代，前期后期都处于全国战争的动荡之中，一般的生活用陶器、建筑陶器均无多少特征，与战国陶器基本一致。秦代最为杰出的制陶成就是秦始皇陪葬坑的兵马俑。从已发掘的俑坑情况可以看到，陶制兵马俑数量巨大，仅仅一个角落就有千万之巨；制作精湛，神态各异，造型生动，工艺成熟。

汉代历时400余年，陶器制作取得了很大成就，是中国陶瓷历史上的一个重要转折点。所制器物的表面被广泛施釉。汉代陶器

◆ 彩绘卷云纹陶罐（夏家店文化）

整体造型风格比较端庄，腰腹多用几条弦纹装饰，陶俑以表现生活为主，造型与制作上不受拘束，神态准确，表情丰富。

唐代时，人们制陶时在色釉中加入不同的金属氧化物，经过低温焙烧，形成浅黄、赭黄、浅绿、深绿、天蓝、褐红、茄紫等多种色彩，但多以黄、褐、绿三色为主，后来人们习惯地把这类陶器称为"唐三彩"。唐三彩的出现标志着陶器的种类和色彩已经开始更加丰富多彩。

◆ 唐三彩骑驼乐舞俑

民族文化的瑰宝——漆器的发明

> 漆器工艺是华夏文化宝库中一颗璀璨夺目的明珠，是中国古代在化学工艺及工艺美术方面的重要发明，有着悠久的历史和卓越的成就。像陶瓷、丝绸一样，漆器是民族文化的瑰宝，是中国对世界文明的一项重大贡献。

中国是世界上最早发明漆器的文明古国，先秦漆器，特别是战国、秦汉漆器上的绘画，在中国绘画史上熠熠生辉。

漆是原产我国的漆科木本植物漆树的一种分泌物，生漆是从漆树割取的天然液汁，主要由漆酚、漆酶、树胶质及水分构成。从漆树中分泌出来的漆液含有漆酚，在日光作用下会变成黑色发光的漆膜。

人们从观察到漆树的自然分泌液形成黑色漆膜的现象受到启示，而有意识地利用漆液来装饰器物。后来，人们又发现漆膜美观精致，经久耐用，用它作涂料，有耐潮、耐高温、耐腐蚀等特殊功能，又可以配制出不同颜色，光彩照人，能对器物起保护作用，于是开始制造漆器。

战国至西汉，是漆业的鼎盛时期。战国时漆器生产规模已经很大，成为国家重要的经济收入，并设专人管理。据记载，庄子年轻时曾经做过管理漆业的小官。漆器生产工序复杂，耗工耗时，品种又特别繁多，不仅用于装饰家具、器皿、文具和艺术品，而且还应用于乐器、丧葬用具、兵器等。这时的漆器很昂贵，但新兴的诸侯不再热衷于青铜器，而把兴趣转向光亮洁净、易洗、体轻、隔热、耐腐、嵌饰彩绘、五光十色的漆器。于是，漆器在一定程度上取代了青铜器。

制作漆器先制作胎体。胎为木制，偶尔也用陶瓷、铜或其它材料，也有用固化的漆直接刻制而不用胎。胎体完成，漆器艺人运用多种技法对表面进行装饰。漆器一般髹朱饰黑，或髹黑饰朱，以优美的图案在器物表面构成一个绮丽的彩色世界。在湖北曾侯乙墓出土的漆器有220多件。这些漆器是楚墓中年代最早也是最为精彩的，而且品类全，器型大，风格古朴，体

◆ 彩漆木雕座屏（战国中期）

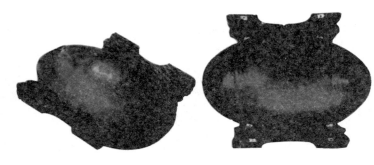

◆ 彩绘云纹漆方耳杯（战国中期）

现了楚文化的神韵。

汉代是漆器的鼎盛时期，漆器的品种又增加了盒、盘、匣案、耳环、碟碗、筐、箱、尺、唾壶、面罩、棋盘、凳子、卮、几等，漆器也是以黑红为主色。同时，还开创了新的工艺技法，如多彩、针刻、铜扣、贴金片、玳瑁片、镶嵌、堆漆等多种装饰手法。

漆器图案根据不同的器物，以粗率简练的线条或繁缛复杂的构图表现，增强人或动物的动感与力度。黑红互置的色彩产生光亮、优美的特殊效果。在红与黑交织的画面上，形成富有音乐感的瑰丽多彩的艺术风格，展现了一个人神共在，绮玮谲诡、流动飞扬、变幻神奇的神话般的世界。

漆器初步制作好后，要放置在阴暗条件下干燥，固化后的漆器具有坚硬、耐酸、耐碱、耐磨的特性。要想让漆器固化后不产生裂纹或皱摺，需要建造专门的阴室，创造阴湿无尘的环境，以供漆器阴干之用。

《史记·滑稽列传》中记载：秦二世胡亥登基之后，想要用漆来漆绘城郭。由于胡亥暴虐、专横，没有人敢去谏止。当时有一个聪慧的侏儒名叫优旃，他对胡亥说："主上如果不提出这件事情，臣也一定会向主上提议的。漆城虽然会使老百姓感到发愁和增加经济负担，但这是一件大好事。漆城光滑无比，敌人来了无法上城。涂漆是很容易的，但是要建造阴室却非常困难了，得建一个比都城更宏大的城郭才行啊。"这番话让胡亥认识到了自己的错误，于是就停止了这次劳民伤财的工程。由此可见，阴室在当时已成为漆器制造的重要设施，这种阴干方法后来一直沿用。

秦汉以后，由于瓷器的发展，漆器日用品如杯、壶、盘等渐为瓷器所代替，漆器作为生活用品减少了，但是作为工艺品，仍深受人们的喜爱，传统工艺一直沿袭，并不断有所创新，并先后传到日本、朝鲜、东南亚，以及中亚、西亚、欧洲各国，受到了世界各国人民的欢迎。

知识小百科

世界上最古老的漆器——"河姆渡朱漆大碗"

我国目前发现的最早的漆器是1977年在浙江省宁波市余姚县的河姆渡遗址出土的"河姆渡朱漆大碗"。这件古老的漆器经历了几千年的风风雨雨，依然保持着美观大方的造型和鲜艳的色泽，能清晰地看到它内外涂着的朱红色涂料。"河姆渡朱漆大碗"的横空出世，证明中国是世界上最早认识漆的特性并能将漆调成各种颜色用作美化装饰之用的国家，也证实了"中国人的确制作了全世界最早的漆器"这个重要史实。

第九讲 手工制造技术

古老文明的载体——青铜器的发明

青铜器是中华民族古老灿烂文明的载体之一，它是世界冶金铸造史上最早的合金，是人类历史上的一项伟大发明。中国古代铜器，是我们的祖先对人类物质文明的巨大贡献，在世界艺术史上占有独特地位。

青铜器是以青铜为基本原料加工而制成的器皿。青铜，古称金或吉金，是红铜与其它化学元素（锡、镍、铅、磷等）的合金，其铜锈呈青绿色，因而得名。史学上所称的"青铜时代"是指大量使用青铜工具及青铜礼器的时期。这一时期在中国主要是从夏商周直至秦汉，时间跨度约为两千年左右，这也是青铜器从发展、成熟乃至鼎盛的辉煌期。由于青铜器以其独特的器形、精美的纹饰、典雅的铭文向人们揭示了先秦时期的铸造工艺、文化水平和历史源流，因此被史学家们称为"一部活生生的史书"。中国上古文明悠久而又深远，青铜器则是其缩影与再现。

中国古代的青铜文化十分发达，并以制作精良、气魄雄伟、技术高超而著称于世。贵族把青铜器作为宴享和放在宗庙里祭祀祖先的礼器。青铜器不是一般人可以拥有的，它作为一种权力和地位的象征、一种记事耀功的礼器而流传于世。

大约2000年以前，自夏代开始中国进入了青铜时代，开始有青铜容器和兵器。到商代中期，青铜器的品种已经很丰富了，并出现了铭文和精细的花纹。商代晚期至西周早期，是青铜器发展的鼎盛时期，各种青铜器物造型多种多样，浑厚凝重，铭文逐渐加长，花纹繁缛富丽。随后，青铜器胎体开始变薄，纹饰逐渐简化。春秋晚期至战国，由于铁器的推广使用，铜制工具越来越少。

虽然从目前的考古资料来看，中国铜器的出现，晚于世界上其他一些地方，但是就

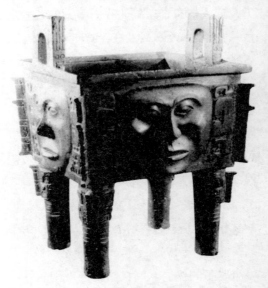

◆ 大禾方鼎（商代）

铜器的使用规模、铸造工艺、造型艺术及品种而言，世界上没有一个地方的铜器可以与中国古代铜器相比拟。这也是中国古代铜器在世界艺术史上占有独特地位并引起普遍重视的原因之一。

青铜礼器十分发达是中国古代青铜文化区别于其他国家古代青铜文化的一个显著特点之一，这也是中国古代青铜文化的本质特点。礼器的发达是由中国古代社会异常强大的"宗法血缘"关系决定的。人们对祖先、对神灵的崇拜远远超越了对于自身的认同。夏代已出现了青铜礼器，到了商代，特别是商代晚期青铜礼器已十分成熟，主要的器类都已具备，主要有食器、酒器、水器和乐器。鼎是青铜礼器中的主要食器，在古代社会中，它被当作统治阶级等级制度和权力的标志。

中国青铜器不但数量多，而且造型丰富、品种繁多。每一器种在每个时代都呈现不同的风采，同一时代的同一器种的式样也多姿多彩，而不同地区的青铜器也有所差

◆ 司母戊鼎（商代）

异，犹如百花齐放，五彩缤纷，因而使青铜器具有很高的观赏价值。自从有了青铜器，我国农业和手工业的生产力水平不断提高，物质生活条件也逐渐丰富。中国人民所创造的灿烂的青铜文化，在世界文化遗产中占有独特的地位。

◆ 曾侯乙编钟（战国）

知识小百科

最重的青铜器——司母戊鼎

司母戊鼎是中国商代后期（约公元前16世纪至公元前11世纪）王室祭祀用的青铜方鼎，是商王祖庚或祖甲为祭祀其母所铸。1939年3月19日在河南省安阳市武官村一农户家的农田中出土，因其腹部著有"司母戊"三字而得名，现藏中国国家博物馆。司母戊鼎器型高大厚重，又称司母戊大方鼎，高133厘米、口长110厘米、口宽79厘米、重832.84千克，鼎腹长方形，上竖两只直耳（发现时仅剩一耳，另一耳是后来复制补上），下有四根圆柱形鼎足，是中国也是世界上目前已发现的最重的青铜器。

"文明时代"的重要标志——瓷器的发明

> 中国是瓷器的故乡，瓷器的发明是中华民族对世界文明的伟大贡献，为人类历史写下了光辉的一页。它在技术和艺术上的成就，传播到世界各国，并深刻影响了陶瓷和文化的发展，为我国赢得"瓷器之国"的盛誉。

瓷器脱胎于陶器，它的发明是中国古代汉族先民在烧制白陶器和印纹硬陶器的经验中逐步探索出来的。原始瓷器起源于3000多年前，作为陶器向瓷器过渡时期的产物，与各种陶器相比，具有胎质致密、经久耐用、便于清洗、外观华美等特点。原始瓷器烧造工艺水平和产量的不断提高，为后来瓷器逐渐取代陶器成为中国人日常生活的主要用器奠定了基础。

中国真正的瓷器出现是在东汉三国时期。首先是在南方地区开始出现的，浙江绍兴上虞县上浦小仙坛发现东汉晚期瓷窑址和青瓷等。瓷片质地细腻，釉面有光泽，胎釉结合紧密牢固。从显微照相可见，青瓷残片釉下已无残留石英。这种釉无论在外貌上，或是显微结构上，都已摆脱了原始青瓷的原始性，已符合真正的瓷器标准了。

北方瓷器生产晚于南方数百年，但它一旦掌握了青瓷生产之后，便迅速改进生产技术，提高工艺水平，并结合北方的人文特点，创造了白瓷。白瓷是由青瓷发展而来的，两者的区别仅在于胎、釉中含铁量的不同。瓷土含铁量少则胎呈白色，含铁量多则胎色较暗，呈灰、浅灰或深灰色。就瓷器本身的发展而言，是从单釉瓷向彩瓷发展的，无论是褐绿彩、白地黑花、青花、釉里红，还是斗彩、五彩、粉彩或珐琅彩，都是以白色为衬托，来展现各种色彩的艳丽与美妙的。所以，白瓷的产生，对瓷器的发展有及深远的影响，至唐代已形成"南青北白"的格局。

宋代瓷器在胎质、釉料和制作技术等方面又有了新的提高，烧瓷技术完全成熟，

◆ 白瓷象形烛台（北宋）

工艺技术上有了明确的分工。宋代名窑很多，耀州窑、磁州窑、景德镇窑、龙泉窑、越窑、建窑，以及被称为宋代五大名窑的汝窑、官窑、哥窑、钧窑、定窑等产品都有自己独特的风格。

元代时景德镇窑异军突起，所产青花、高温蓝釉、高温铜红釉、高温卵白釉、釉里红、釉上彩及孔雀绿釉等品种，给人耳目一新之感，为明、清时期景德镇成为全国的制瓷中心奠定了基础。

明代瓷器丰富多彩，加釉方法多样化，制瓷技术不断提高。成化年间创烧出在釉下青花轮廓线内添加釉上彩的斗彩，嘉靖、万历年间烧制成不用青花勾边而直接用多种彩色描绘的五彩，这些都是著名的珍品。

清代的瓷器是在明代取得卓越成就的基础上进一步发展起来的，制瓷技术达到了辉煌的境界。康熙时的素三彩、五彩，雍正、乾隆时的粉彩、珐琅彩都是闻名中外的精品。

瓷器取代陶器，不仅方便了人们的日常生活，丰富了人们的审美情趣，也证明了中华民族是具有伟大创造力的民族。其在每一个工艺过程中凝聚的古代先民的智慧和辛勤汗水，更是蕴含了重要的历史价值和艺术价值。

瓷器在汉唐以后源源不断地输出到世界各地，促进了当时中国与外界的经济、文化交流，并且对其他国家人民的传统文化和生活方式产生了深远的影响，使中国为世界人民所认识，获得"瓷国"的美誉。同时，瓷器还是人类从"野蛮时代"进入"文明时

◆ 景德镇窑瓷器（北宋）

代"的重要标志，它是中国对世界历史、文化、艺术、科技等方面作出的一项重大且不可磨灭的贡献。所以说，一部中国陶瓷史，就是一部形象的中国历史，也是一部生动的中国民族文化史。

延伸阅读

景德镇瓷器

景德镇瓷业发展到元代，工艺上出现了划时代的变革。继宋代创青白瓷之后，又创烧成功具有高铝氧成分的白瓷、青花瓷、釉里红、青花釉里红等新品种，结束了我国瓷器以单色釉为主的局面，把瓷器装饰推进到釉下彩的新时代，从而把景德镇瓷业推向遥遥领先的地位。鸦片战争以后，千载名窑停滞而趋向衰落，陶瓷生产水平不断下滑。在极其艰难困苦的情况下，广大瓷工们奋力发展以手工技艺为特色的仿古瓷、美术瓷，坚持与外国机器制造的日用瓷相抗争，保持了中国瓷器在国际上的美誉。现代景德镇的制瓷工艺继承了传统的技法，吸收和借鉴了国内外的精华，使瓷器制作达到了一个又一个的新高度。

第九讲　手工制造技术

"钟王"——永乐大钟

在中国历史上，钟具有独特的地位和作用，它的历史甚至比文字的历史更古老。永乐大钟在世界古钟史上占有重要地位，从其存世历史之悠久、钟体之博大美观、钟声之悦耳远播、悬挂结构之巧妙以及铸造工艺之高超等方面而言，都堪称"世界之最"。

永乐大钟是在明代永乐年间由北京德胜门铸造厂铸造的，现存北京大钟寺古钟博物馆。永乐大钟是采用泥范法(中国的三大传统铸造工艺——泥范法、铁范法和失蜡法)铸造。先在地上挖一个大坑，用草木和三合土做好内壁，上面涂上细泥，把写好经的宣纸反贴在细泥上，刻好阴字，加热烧成陶范，然后再一圈圈做好外范。铸时，几十座熔炉同时开炉，炉火纯青，火焰冲天，金花飞溅，铜汁涌流，金属液沿泥作的槽注入陶范，一次铸成。

这是天衣无缝的操作，纤毫之隙，分厘之差便会引起"跑火"，招致全盘失败。为了承受浇铸的压力并确保足够的强度，外范四周无疑是用泥土填满并层层夯实的。钟钮旁边四处不易觉察的疤痕，泄露了四个浇铸口的准确位置。我们看到了最典型的雨淋式浇铸法：几十座熔炉沿四条槽道排开，炉内大火流金、铜汁鼎沸；地坑里内外模范同时高温预热。当蓄满炉膛的万斛金汤相率奔泻而出后，这口万钧大钟便一气呵成了。回望此情此景，500年前的手工作坊式生产，分明已经透出了近代大工业的规模和气概。

◆ 永乐大钟

◆ 永乐大钟局部，上面载明大钟铸造的时间。

冷却是一道致命的工序。坑内是一团没有熄灭的地火和流焰，必须控制冷却速度防止钟体炸裂。世界著名的俄罗斯大钟就因冷却过程中的闪失出现裂纹，结果沦为一口哑钟。而孕育永乐大钟的地坑此时是一个天然的自动冷却系统。可以想象当年劳苦的工匠们付出了多少精心呵护，才能确保永乐大钟在平安降温中顺利降生。

最为举世罕见和引人惊叹的奇迹，莫过于将23万多字的佛教经文和咒语上上下下、里里外外铸满了大钟的每一寸表面了。也许是对夺取皇位中杀伐过多生出了悔意，也许因战胜所有敌手后反倒厌倦了人间的纷争而皈依佛门，明成祖晚年潜心撰写《诸佛世尊如来菩萨尊者神僧名经》凡40卷，20万言。其中前20卷10万字便刊登在永乐大钟不朽的版面上。钟上的铸字还有许多其它汉文佛经和梵文佛咒。有学者猜测，明成祖铸钟的初始动机便是为了给自己的呕心沥血之作寻找一个永恒的载体，以教化众生和流传百世。

据专家们概括，永乐大钟有"五绝"。第一绝是形大量重、历史悠久。第二绝，永乐大钟是世界上铭文字数最多的一口大钟。大钟奇妙优美的音响是第三绝，有位声学界的权威人士给永乐大钟的钟声下了八个字的评语："幽雅感人、益寿延年。"科学的力学结构是永乐大钟的第四绝。永乐大钟的悬挂纽是靠一根与钟体相比显得很小的铜穿钉连接的。别看穿钉很小，却恰恰在它所能承受40多吨的剪应力范围之内。永乐大钟第五绝就是高超的铸造工艺。

延伸阅读

永乐大钟是寓政治于宗教的典范

明成祖以钟为载体，把自己从局部到整体的政治理念与众多经过精心编撰和筛选的佛经、咒语溶铸在一起，这并非由他凭空想出来的，而是顺应元末明初中国佛教的发展状况，并加以巧妙利用的结果。

佛教发源于公元前五六世纪的古印度，大约在两汉之际传入中国，在以后漫长的传播过程中，无论是传入最早的汉传佛教，还是公元六七世纪传入的藏传佛教和南传上座部佛教都逐渐与中国各地的传统文化相融合，实现了佛教的中国化和民族化，成了在中国影响力最大的宗教之一。朱元璋父子对佛教的发展状况和佛教对巩固政权的重要意义都有较深刻的认识，他们当了皇帝以后，对佛教都采取推崇、扶植、利用和控制的方针。所以，铸造永乐大钟实际上是明朝统治者为了巩固自己的统治地位而实施的一种政治行为。

第九讲 手工制造技术